21
세
기
택
리
지

21세기 핵리지

시공간 초월 조선 핫플 답사기

권재원 지음

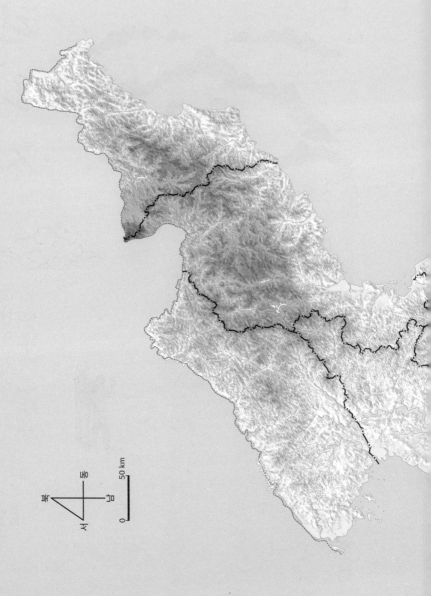

이 책에서 살펴볼 지역

동

북

서

50 km

0

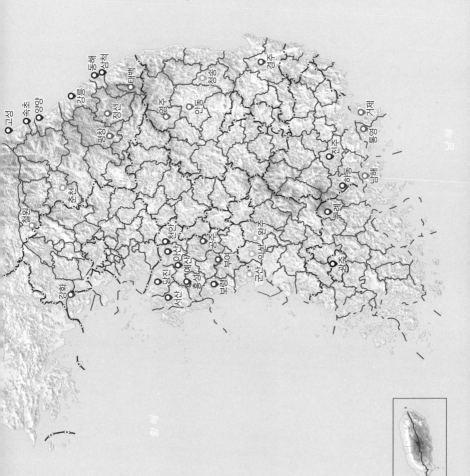

여행을 떠나기 전에

2020~2022년 팬데믹 시기를 거치면서 청소년들의 세계가 너무 좁아졌다는 느낌을 받았습니다. 드넓은 바깥세상에 관심과 호기심을 가져야 할 청소년들이 자기 동네 이외의 지역에 대해 거의 흥미를 느끼지 못하고 있는 듯합니다. 집 밖으로 나가기가 어려운 시기였던 만큼, 어찌 보면 청소년뿐 아니라 우리 모두 그전보다 좁은 활동 반경 안으로 움츠리게 된 것이 자연스러운 일일 수도 있습니다.

그렇게 우리가 우리나라에 대해 점점 관심을 잃는 동안, 반대로 세계가 우리나라에 대해 갖는 관심은 부쩍 커졌습니다. 여러 나라에서 무수히 많은 사람들이 우리나라를 좋아하고, 더 많이 알고 싶어 하고 있습니다. 대한민국에 대해 잘 아는 것이 글로벌 경쟁력으로 여겨지기도 합니다. 그런데 막상 우리 청소년들이 우리나라를 잘 모릅니다.

청소년들은 대한민국의 여러 지역에 대해 얼마나 알고 있을까요? 또 얼마나 직접 경험해 보았을까요? 글로벌 시대, 글로벌 인재를 말하고들 있지만 정작 우리나라도 많이 다녀 보지 않아서 제대로 알지 못하는 이들이 많습니다. 우리나라에 전 세계의 이목이 집중된 지금, 우리나라를 잘 아는 것 역시 중요한 글로벌 경쟁력입니다. 외국인이 대한민국에 대하여 우리에게 듣고 싶은 것이 케이팝 가수와 드라마 이야기뿐만은 아닐 것입니다.

이 책은 청소년이 우리나라의 지리에 재미를 느끼고 종합적으로 이해하는 데 도움을 주기 위해 썼습니다. 물론 학교 사회 시간에 지리를 배우기는 하지만, 중고등학교 지리 교과 학습은 일반적인 이론을 중심으로 이루어지다 보니 추상적이고 지루하게 느껴지기 쉽지요. 그보다는 우리나라 여러 지역의 역사, 문화, 자연환경 등 고유한 특징에 관한 이야기를 종합적인 인문지리 입문서 형태로 엮어 보고자 했습니다. 인문지리란 지형, 기후 등 자연적인 요인뿐 아니라 그 위에서 사는 사람들이 자연적인 요인에 적응하며 만들어 낸 여러 문화적인 요인들을 중심으로 지리적 현상을 탐구하는 분야입니다. 우리 청소년들과 함께 글로 대한민국 곳곳을 여행하며 각 지역의 고유한 이야기와 매력을 살펴보려 합니다. 마치 21세기의 『택리지』처럼 말이죠.

『택리지』는 어떤 책일까?

이 책이 아이디어를 얻어 온 책, 『택리지』(1751)는 『신증동국여지승람』(1530)과 함께 조선을 대표하는 인문지리서입니다. 『택리지』의 지은이 이중환은 조선 후기에 활동한 실학자입니다. 이중환은 원래 관직에 있었지만 당쟁 때문에 쫓겨나고 말았습니다.

관직에서 쫓겨난 이중환은 전국을 떠돌아다니며 시름을 달랬습니다. 다만 실학자답게 그냥 돌아다니는 것이 아니라 여러 지방의 지형, 기후, 그리고 풍속과 생활을 두루 관찰하고 기록하여 이를 책으로 남겼지요. 그 결과 조선 최고의 인문지리서 『택리지』를 완성하였습니다.

'택리지'라는 제목은 '마을을 선택하기 위해 작성한 기록'이라는 의미입니다. 어지럽고 어려운 세상에서 마음 놓고 살기 좋은 마을을 찾아 전국을 두루 살펴보겠다는 것입니다. 물론 이때 '살기 좋다'는 것이 일반 백성을 기준으로 한 말은 아닙니다. 그보다는 이중환 본인과 같이 관직 바깥에 머무는 선비의 관점이 중심이 되지요. 그러니 『택리지』는 '선비가 살 만한 고장을 찾는 책'이 되겠습니다. 이중환이 전국을 떠돌아다닌 것은 단지 설움을 달래기 위한 여행이 아니라, 혼탁한 세상을 떠나 마음 편히 살 만한 곳을 찾아다닌 생존 여행이었다고 볼 수도 있겠습니다.

우리 민족의 전통 지리학, 풍수

『택리지』는 조선 후기에 쓰인 지리학책입니다. 그런데 잠깐, 조선 시대에도 지리학이라는 학문이 존재했을까요? 당연히 존재했습니다. 혹시 풍수지리를 말하는 것 아니냐고요? 반은 맞고 반은 틀립니다. 조선 시대에 지리라고 하면 주로 풍수지리를 말하는 것은 맞습니다. 하지만 『택리지』가 풍수책이냐 하면, 그건 아닙니다. 『택리지』는 우리나라 지리서 중 보기 드문 인문지리학책입니다. 각 지역의 자연환경, 풍속, 경제 등등의 요인이 그 지역에서 살아가는 사람들의 생활에 어떤 영향을 주었는지에 대한 책이니까요.

그렇다고 『택리지』가 풍수와 전혀 관계없는 것은 아닙니다. 이중환이 '마을을 선택'하기 위해 사용한 기준에 자연지리, 인문지리적 요소들뿐 아니라 '산의 기세', '물의 기운'과 같은 풍수적인 것들도 분명히 있으니까요. 사실 근대 이전 우리 선조들이 지리를 공부한다고 할 때 풍수를 아주 무시할 수는 없었을 것입니다. 한국 사람들이 지금까지도 풍수를 아주 무시하지는 못하는데 그때는 오죽했을까요?

풍수라고 하면 좋게 말해 신비로운 것, 나쁘게 말하면 미신이라고 생각하기 쉽습니다. 2024년 영화 〈파묘〉 때문에 그런 인식이 더 강해진 것 같습니다. 하지만 풍수는 단순한 미신이 아닙니다. 물론 고려 시대에는 풍수 사상이 어떤 조짐을 통해 미래를 예언한다는 도참사상과 결합해 신비주의적이고 미신적인 성향이 강했으며, 조선 말기에는 기복 신앙과 결합하여 그야말로 미신이 되어 버리기도 했지만, 적어도 원래의 풍수 사상은 그런 것이 아닙니다.

조선은 오늘날 흔히 생각하는 것보다 훨씬 합리적인 사회였습니다. 애초에 유교라는 사상 자체가 매우 현실적이고 합리적인 사상입니다. 유교의 이미지가 망가진 것은 조선이라는 나라의 체제가 문란해진 조선 말, 유교의 학풍도 같이 망가졌기 때문입니다. 유교의 가장 중요한 경전인 『논어』에도 "공자께서는 초자연적인 일이나 귀신에 대해 말하지 않으셨다."라고 명확하게 나와 있습니다. 조선 건국을 주도한 정도전도 비현실적이고 도피적이라는 이유로 불교를 강하게 비판한 냉정한 현실주의자였습니다.

그랬던 정도전도 풍수만큼은 매우 중요하게 여겼습니다. 땅의 힘을 빌려 미래의 복을 기원하는 식의 신비주의 사상을 믿은 것은 아니지만, 백성들은 물론 관료들 중 상당수가 여전히 신비주의적인 풍수 도참을 믿고 있었기 때문입니다. '너희가 풍수를 믿고 있으니 풍수를 통해 너희를 설득하리라' 하는 생각이었습니다.

풍수라는 단어의 기원은 '장풍득수藏風得水', 즉 '바람을 막고 물을 얻는다'는 표현입니다. 바람을 막는다는 것은 겨울의 추위를 막는다는 뜻과 외적의 침략을 막는다는 뜻을 모두 담고 있습니다. 물을 얻는다는 것은 식수와 무엇보다도 농업용수를 구한다는 뜻이고요.

결국 풍수라는 말 자체는 합리적인 입지 이론에 가깝다는 것을 알 수 있습니다. 지형을 살펴봄으로써 농사짓기 좋고 방어에 유리한 곳을 찾는 방법이니까요. 특히 오늘날의 인문지리학과 특별히 다를 것도 없습니다. 다만 시대적 한계 때문에 현대인의 눈에 신비주의적으로 느껴지는 설명이 남아 있을 뿐입니다. 가령 "봉황이 알을 품고 있는 땅의 기세"라거나, "물에 독기가 스며 매우 나쁘며, 사람들의 성격이 포악하다" 하는 식의 설명 말이죠.

하지만 이런 설명들도 단순하게 비과학적이라고 매도하기보다는 그 당시 기준에서 최대한 합리적인 설명을 했던 것임을 이해해야 합니다. 오늘날과 같은 과학적 방법론, 즉 엄격하게 통제된 상황에서 실험을 통해 검증하는 방법론이 없었던 시대입니다. 탐사 도구도 부족했고 자료 수집 도구도 없었습니다. 이를테면 하늘에 기구나 위성을 띄워 기후 자료를 수집할 수 없고, 땅을 깊게 파서 땅속의 성분이나 현상을 탐사할 수 없고, 지진파를 측정할 수도, 탄소 동위원소를 측정할 수도 없었습니다. 오직 겉으로 드러나 있는 산과 강의 모양과 배치만으로 이곳이 '장풍득수' 할 수 있는 좋은 땅인지 아닌지를 가려내야 했지요. 그러니 풍수사의 오랜 경험, 그리고 몇 대에 걸쳐 내려온 풍수 관련 전승에 의존할 수밖에 없었습니다. 비록 현대의 기준에서는 비과학적일 수 있지만, 어쨌든 번번이 틀리기만 했다면 전승되지 않았겠지요.

그렇다면 어떤 땅이 장풍득수에 유리한 좋은 땅, 즉 명당일까요? 먼저 '장풍'에서 가장 중요한 지형 요소는 산입니다. 산은 차가운 북서 계절풍을 막는 방풍벽이 되어 주고, 외적의 침입을 가로막는 자연 성벽의 역할도 할 수 있습니다. 이런 역할을 하려면 산은 혼자 우뚝 솟아 있는 것보다는 산맥을 이루어 길게 이어져 있는 편이 좋습니다. 이 산맥의 형태도 가능하면 도시를 에워싸고 있는 것이 좋겠죠. 그 높이도 바람과 외적을 막을 수 있을 만큼 충분해야 합니다. 또 흙으로 된 '육산陸山'보다는 바위산이 방어력이 더 좋습니다.

그런데 중세는 지금보다 훨씬 종교와 신화 등에 대한 믿음이 확고했던 시대였기 때문에 오히려 이렇게 합리적인 방식으로 설명하면 너무 건조하고 시시하게 느껴졌을 것입니다. 그래서 '북현무, 좌청룡, 우백호, 남주작' 같은 식으로 신화와 연관된 관념을 활용하고, 또 '산봉우리가 힘차고 형상이 뚜렷하며, 그 맥이 끊기지 않아야 한다'는 식으로 설명을 풀어낸 것입니다.

다음은 '득수'입니다. 장풍보다 득수가 더 까다롭습니다. 바람을 막는 것은 땅 위로 드러난 지형을 통해 어렵지 않게 짐작할 수 있는 요소입니다. 바람이 주로 불어오는 방향을 가로막는 산이 펼쳐져 있으면 됩니다. 산이 특별히 높을 필요도 없습니다. 사실 평지에 큰 나무만 촘촘하게 자라 있어도 바람 막는 데는 확실히 효과가 있습니다.

하지만 물을 구하기 쉬운 땅은 찾기가 훨씬 어렵습니다. 큰 하천이 가까이 있으면 유리한 것은 분명합니다. 담수의 대부분은 지표수가 아니라 지하수입니다. 지하수가 풍부한 곳은 샘도 많고, 하천의 유량도 풍부하죠. 문제는 땅속에 지하수가 얼마나 있는지, 또 그 지하수가 어떻게 흘러가는지를 눈으로 볼 수 없다는 것입니다. 오늘날에는 물과 암석의 전기저항 차이를 이용하여 전기장, 자기장을 측정하면 물이 얼마나 있는지 알아낼 수 있습니다. 하지만 전기장, 자기장의 측정은커녕 그런 개념조차 모르던 시대입니다. 겉으로 드러난 땅의 모양, 암석, 토양의 성질만으로 지하수가 풍부한 곳이 어디일지, 또 어떤 지점이 지하수가 샘이 되어 솟아날 만한 곳인지 판단해야 한다는 것입니다.

이것저것 따지지 말고 큰 강 옆에 자리 잡고 살면 되지 않느냐 하겠지만, 그게 또 그렇지 않습니다. 당시 하천은 오늘날 고속도로나 다름없었습니다. 그러니 큰 강이 흘러가는 곳은 그만큼 적이 침투해 오기도 쉬웠지요. 그렇다고 큰 강에서 너무 멀리 떨어져 있거나, 큰 강의 풍부한 수자원을 이용할 수 없는 땅으로 일부러 들어가는 것은 몹시 아까운 일입니다.

그래서 이것저것 다 따지고 나면 결국 산으로 둘러싸인 넓고 기름진 평야에 필요한 물을 구할 수 있는 큰 하천이 흐르지만, 이 하천 바로 옆이 아니라 지류로 연결된 곳이 최고의 명당이 됩니

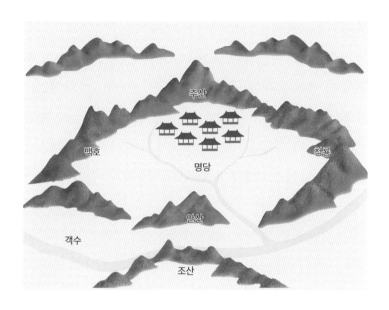

다. 마치 오늘날 고속도로가 직접 지나가기보다는 고속도로에서 아주 멀지 않으면서 연결 도로가 있는 도시의 입지가 더 좋은 것으로 평가받는 것과 비슷합니다.

살펴본 내용을 그림으로 그려 보면 위와 같습니다. 청룡이나 백호와 같이 하늘의 신수(신적인 동물)에 빗대어 산의 이름을 붙여 놓았지만 결국 동서남북 방향의 산을 말하는 것입니다. 그리고 바람을 막아야 할 필요성은 여름보다 겨울에 더 커지기 때문에 마을 남쪽보다는 북쪽이 산으로 든든하게 막혀 있는 곳이 명당이 되는 것입니다.

우리나라는 또한 북쪽의 유목민족으로부터 침략을 많이 당했습니다. 그러니 겨울의 북풍뿐 아니라 외적을 막기 위해서도 북쪽 산이 험준하고 큰 것이 좋습니다. 가능하면 험한 바위산인 편이 좋고, 달랑 혼자 있는 것보다는 더 큰 산에서 이어진 겹겹의 산맥으로 둘러싸여 있는 것이 더욱 좋습니다. 이 산맥이 주산主山에서 좌우로 갈라지면서 청룡과 백호가 되며, 그 사이에 임금 기준 남쪽으로 넓은 평지가 펼쳐집니다. 당연히 이 평야는 남쪽에서도 산으로 막혀 있어야 하는데, 그 산이 안산案山입니다.

큰 강이 직접 지나가는 땅은 오히려 적의 공격에 취약하다고 했죠. 그렇다고 큰 강과 너무 떨어져 있어도 안 됩니다. 큰 강의 혜택은 누릴 수 있으면서 유사시에는 큰 강으로 이어지는 통로를 틀어막을 수 있는 땅이 명당입니다. 그래서 명당과 큰 강을 연결해 주는 하천을 '명당수明堂水'라 부릅니다. 그리고 이 명당수가 큰 강으로 들어가는 길목은 마치 문처럼 산으로 잘 막혀 있어야 합니다. 이 구간을 물의 입구라 하여 수구水口라 합니다. 안산은 청룡과 백호 남쪽에서 물 입구를 잘 틀어막아 주는 역할을 합니다. 큰 강 역시 명당 남쪽에서 넓게 흘러가기보다는 든든한 산을 남북으로 끼고 흘러가는 것이 방어에 유리합니다. 이때 명당에서 큰 강 건너편을 든든하게 지키고 있는 산을 조산朝山이라고 합니다.

물론 이 산과 물에 어떤 신통력이 있어 나라와 백성의 운명을 결정짓거나 하는 것은 아닙니다. 하지만 앞서 이야기했듯이 조선이 건국될 당시는 합리적 설명보다 종교적, 신비적 설명이 더 큰 힘을 발휘하던 시대였지요. '물을 구하기 쉽고, 겨울의 북풍을 막아 주면서 외적의 침입으로부터 방어하기 유리한 땅이다.' 이렇게 설명하면 너무 평범합니다. 조선 건국을 주도했던 신진 사대부들 중에는 합리적인 사고방식을 가진 사람들이 많았지만, 백성의 대부분은 우리가 미신이라 부르는 것들을 진심으로 믿었던 시대입니다. 이런 미지근하고 건조한 설명으로는 전혀 설득되지 않았을 것입니다.

하지만 조선에는 새로운 수도가 필요했습니다. 옛 고려 왕실 지지자들이 많이 남아 있었던 개경에서는 이성계를 비롯한 건국 세력의 신변이 위험해질 수 있었습니다. 그래서 고려가 망하고 조선이 세워진 까닭을, 그리고 도성을 한양으로 옮기고 경복궁을 새로 조성하는 이유를 신비로운 설명을 통해 정당화할 필요가 있었습니다. '고려가 망한 것은 개경이라는 땅의 힘이 다한 까닭이며, 이제 더 좋은 명당을 찾아 그곳을 도읍으로 삼을 것이니 곧 태평성대가 올 것이다', 하는 식으로 말이죠.

『택리지』의 원리

이렇듯 풍수가 우리 전통 지리 사상으로서 매우 중요한 관념이라는 것은 틀림없는 사실입니다. 이중환 역시 그 영향을 받았음이 분명하고, 또 마을의 입지를 판단하는 데 풍수를 중요한 기준

중 하나로 활용하고 있기도 합니다. 다만 이중환이 『택리지』에 적용한 '좋은 마을'을 찾는 구체적 기준은 풍수뿐 아니라 다른 합리적인 기준들도 포함하고 있으며, 그 풍수조차 기존의 풍수보다 훨씬 덜 신비주의적인 형태입니다. 이중환이 살기 좋은 곳을 선택하는 기준으로 삼은 것은 지리地理, 생리生利, 인심人心, 산수山水입니다.

지리

지금까지 이야기한 풍수에 해당하는 기준이 『택리지』에서는 바로 지리입니다. 이중환이 생각하는 풍수는 신비로운 기운에 관한 것이라기보다는 겉으로 드러난 땅의 모양을 통해 살기 좋은 곳인지 아닌 곳인지 판단하는 방법들 중 하나일 뿐입니다. 이중환이 중요하게 생각한 것은 물길, 산의 모양, 그리고 흙의 성질입니다.

먼저 물이 들어오고 나가는 수구의 모양이 중요합니다. 수구가 너무 열려 있으면 방어에 불리하고, 너무 좁으면 드나드는 데 불편합니다. 수구 안에는 넉넉한 벌판이 펼쳐져 있어야 하며, 그 벌판은 산으로 빈틈없이 에워싸여 있어야 합니다. 이 벌판을 이루고 있는 흙은 하얀 모래가 적당히 섞인 고운 흙이라야 합니다. 붉은 찰흙, 누런 진흙, 검은 자갈이 섞여 있으면 안 됩니다.

여기까지는 풍수라기보다는 근대적인 입지 이론 같기도 합니다. 하지만 산의 모양에 관한 설명 부분에서는 합리적이라고 보기 어려운 기준들이 나옵니다. 주산과 조산은 산세가 좋아야 하고 그 모양이 괴상하거나 험악하면 안 됩니다. 이상한 형태의 바위 봉우리나 비뚤어진 모양의 봉우리가 혼자 솟아 있는 곳은 살기에 적합하지 않다고 보았습니다. 그 밖에도 봉우리의 모양이 무너지고 떨어지는 것 같거나 마을을 엿보는 것 같은 형태를 하면 안 됩니다. 선뜻 와닿지 않는 기준이죠. 지맥, 수맥, 혈 같은 풍수의 신비적인 요소는 사용하지 않았지만, 그래도 근거 없이 주관적이라는 느낌을 지울 수 없습니다.

생리

생활에 얼마나 이롭냐는 기준입니다. 한마디로 산업과 교통입니다. 조선 시대 주요 산업은 농업이었으니, 농사짓기 좋으면서 교통이 편리하여 생활에 필요한 물품을 구하기 쉬운 곳이 바로 생리 면에서 살기 좋은 땅입니다. 농업 중에서도 가장 중요한 것은 당연히 벼농사였습니다. 따라서 생리란 벼농사하기 좋은 평야가 있고, 강수량이 풍부하면서 논에 물을 댈 수 있는 하천이 충분한가에 관한 기준이라고 볼 수도 있습니다. 이중환은 이 기준에 따라 전국에서 가장 기름진 땅으로 전라도의 남원-구례(섬진강 일대)와 경상도의 성주, 진주를 꼽았습니다. 반면, 강원도의 영동 지방과 함경도는 땅이 메말라서 농사에 이롭지 않다고 하였습니다. 다만 평안도의 경우 내륙은 산악 지역으로 땅이 메마르나, 바닷가 주변은 기름진 것이 충청도와 비슷하다고 하였습니다.

벼농사와 더불어 직접 먹을 수는 없지만 팔아서 돈을 벌 수 있는 작물이 있다면 이 역시 생리에 큰 이점이 됩니다. 그중 옷과 솜의 원료가 되는 목화가 가장 중요한데, 경상도와 전라도 모두 목화 농사가 잘된다고 하였습니다. 그 밖에 진안 담배, 전주 생강, 한산 모시와 같이 특산물이 있다면 유리합니다. 다만 이런 상업 작물들은 팔아야 돈이 되기 때문에 다른 지역과 연결되는 교통로 역시 중요한데, 산이 많고 들이 적은 한반도의 지리적 특성 때문에 수레의 통행이 어려우므로 육로로 이동하면 비용이 많이 들어 이익이 적습니다. 따라서 강물을 이용하여 배로 운반하는 것이 가장 편리합니다. 결론적으로 생리에는 배가 통행할 만한 강과 항구(나루)가 매우 중요합니다.

인심

생리가 경제적인 기준이라면 인심은 지역의 전반적인 문화를 말합니다. 여기서 말하는 인심은 이웃 간에 서로 배려한다거나, 혹은 물건을 후하게 잘 나누어 준다거나 하는 수준의 이야기가 아닙니다. 물론 그런 부분도 포함되어 있지만, 여기에 보태어 주민들의 예절, 도덕, 풍속 등이 모두 포함된 개념입니다.

이중환은 양반 사대부였습니다. 그러니 그가 말하는 살기 좋은 마을이란 결국 사대부로서 살기 좋은 마을일 것이며, 이 인심이라는 기준은 그 지역의 문화나 풍토가 얼마나 유교적 가치관에 맞춰 살기 좋은가에 가깝습니다. 이 기준에 따라 이중환이 긍정적으로 평가한 지역은 평안도와 경상도입니다. 평안도는 아무래도 물산이 풍부한 지역이다 보니 사람들이 모질지 않고 너그러웠고, 이를 순하다고 평가했습니다. 또 경상도는 유교문화가 발달한 곳인데, 이를 진실하다고 평했습니다.

반면, 함경도는 성질이 강하고 사납다고 평가했습니다. 하지만 이건 사대부 기준에서 그렇다는 것입니다. 다른 면에서 보면 오히려 용감하며 강인하다고 볼 수 있는 풍토이죠. 그 밖에도 이중환은 각 지역의 인심을 나름대로 평가했는데, 그 내용을 전부 그대로 받아들일 필요는 없을 것입니다. 문화와 풍토를 살기 좋은 곳의 기준으로 삼았다는 점이 풍수에 비하여 합리적으로 보이기는 하지만, 막상 그 평가 결과에서는 주관적인 편견이 엿보이기 때문입니다. 예를 들자면 강원도 사람들은 어리석고 전라도 사람들은 간사하다, 충청도 사람들은 이익을 밝힌다는 등의 평가가 그렇습니다.

산수

이중환이 적용한 마지막 기준은 바로 산수입니다. 한마디로 훌륭한 경치를 즐기며 놀 만한 장소가 있느냐 하는 것입니다. 이 기준은 오늘날에도 중요합니다. 집 근처에 구경하고 놀 만한 경치 좋은 곳이 없으면 삶의 질이 확연히 떨어지기 때문입니다. 그래서 이중환은 땅이 기름지고 농사가 잘되고 교통이 편리하면서 반드시 주변 걸어갈 만한 거리 안에 경치 좋은 곳이 있어야 한다고 보았습니다. 고단한 세상살이의 시름을 풀고 마음을 가다듬을 수 있는 장소가 반드시 필요한 것이죠. 현대에는 문화 시설, 오락 시설, 근린공원 같은 곳이 그런 역할을 담당합니다. 실제로 오늘날 심각한 사회문제인 지방 소멸의 중요한 원인 중 하나가 바로 정서를 함양하고 여가를 즐길 만한 공공 도서관, 미술관, 공연장 등 문화 기반 시설들이 수도권에만 집중되어 있다는 점입니다.

21세기 택리지

이렇게 다양한 요소를 기준 삼아 전국 곳곳의 지역들을 설명한 『택리지』는 조선 시대 최고의 지리책으로 아직도 그 가치를 높이 평가받고 있습니다. 이런 책들 덕분에 우리는 수백 년 전 한반도의 모습이 어떠했는지 그 경관을 그려 볼 수 있으며, 또 그 당시 사람들이 다양한 지리적 환경과 어떻게 상호작용하며 살아 갔는지, 지리에 대한 사고방식과 가치관은 어떠했는지를 이해할 수 있습니다.

그렇다면 2025년 대한민국은 어떨까요? 지금은『택리지』가 쓰인 당시로부터 200년 이상이 지났습니다. 우리나라의 여러 지역이 사회, 문화, 자연환경 면에서 많은 변화를 겪었고 지금도 변화하고 있습니다. 조선 시대에도 10년이면 강산이 바뀐다는 속담이 있었는데, 21세기라면 해마다 바뀌고 있는지도 모르겠습니다.

이중환이 바라봤던 여러 지역의 경관이 오늘날에는 어떤 모습으로 변했을지, 또 그 이유는 무엇인지 살펴보다 보면 각 지역만의 독특한 매력을 새삼 발견할 수 있을지도 모르지요. 그럼 지금부터 저와 함께 과거와 현재를 가로질러 대한민국 방방곡곡으로 떠나 봅시다.

△△△
목차

1월

검정에서 하양,
그리고 다시
초록으로

평창
정선
태백

1월은 1년 중 가장 추운 시기입니다. 하지만 하얀 눈이 내리고 스키 등 각종 겨울 스포츠를 즐길 수 있는 계절이기도 하지요. 그래서 2018년 동계올림픽이 열렸던 평창, 정선, 태백 일대를 소개하면서 여행을 출발할까 합니다.

	인구	면적	키워드
평창군	40,305명	1,464km²	탄광촌, 스키장, 올림픽, 카지노, 고랭지
태백시	37,875명	303km²	
정선군	33,487명	1,220km²	

(2025년 1월 기준)

검은 냇물에서
하얀 설원으로

  1970~1980년대 강원도 정선, 태백, 평창 지역 어린이들이 그린 풍경화 속 시냇물은 검은색으로 칠해져 있었습니다. 대부분 시냇물을 하늘색이나 파란색 계통으로 색칠하는 것과는 확연히 달랐죠. 까닭은 간단합니다. 시냇물 색깔이 진짜 까맸으니까요. 탄광에서 흘러나온 석탄가루가 냇물에 섞여 들어갔기 때문입니다. 이 당시에는 강원도 어딜 가나 탄광이 있었습니다. 지금 폐광산 지도를 보면 평창, 정선, 태백 일대에 빽빽하게 자리 잡고 있는데, 모두 십몇 년 전만 해도 번창하던 탄광이었지요.

  1960년대 들어 우리나라가 빠르게 산업화되면서 인구 역시 농촌으로부터 대도시로 빠르게 집중되었습니다. 원래 우리나라 농촌에서는 산에서 나무를 베어 연료로 사용했고, 대도시에서는

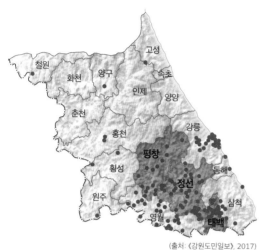

(출처: 《강원도민일보》, 2017)

강원도 내 폐광산 현황

땔나무를 구하는 것이 불가능했기 때문에 연탄이 널리 사용되었습니다. 그런데 도시인구가 하루가 다르게 늘어나면서 겨울철 난방을 위한 연탄의 수요량 역시 폭발적으로 늘었지요. 그 원료가 되는 무연탄이 대부분 평창, 정선, 태백 지역에 매장되어 있어 수많은 탄광이 문을 연 것입니다. 정선만 해도 사북, 회동, 구절, 고한 등에 열여덟 개의 탄광이 있었죠. 강원도 석탄이 도달하지 않는 도시가 없었으므로 석탄을 팔아 얻은 큰돈이 전국 곳곳으로부터 강원도에 들어오곤 했습니다.

탄광이 열렸으면 광부가 필요한 법. 광부는 굉장히 힘들고 위험한 직업입니다. 하지만 그만큼 임금이 높았기 때문에 전국 각지에서 노동자들이 찾아왔습니다. 제법 큰 탄광촌은 한반도 전국 사투리가 모두 들려서 '십삼도 공화국'이라고 불렸죠. 학력이 높지 않아도, 사회생활 경험이 없어도 광부 일을 시작할 수 있었던 덕에 탄광촌 인구는 나날이 증가했습니다. 열다섯 개 탄광이 밀집한 장성, 황지, 철암은 원래 삼척군 소속이었지만 인구가 너무 많아 아예 태백시로 독립했습니다. 1978년 당시 정선군의 인구가 13만 명, 1981년 태백시의 인구가 12만 명이었습니다. 강원도의 중심지 강릉, 원주에 맞먹는 인구를 단 10년 만에 모았죠. 탄광 한 곳에 보통 5,000명의 광부가 일했다고 하니, 한적했던 두메산골에 얼마나 많은 인구가 갑자기 몰려들었는지 상상할 수 있을 것입니다.

여기서 생산된 석탄을 도시로 나르기 위해 철도도 건설되었습니다. 해방 이후 대한민국에서 처음 건설한 철도가 태백선, 정선선이라는 사실이 1970~1980년대 강원도의 위상을 말해 줍니다. 모든 것이 석탄을 중심으로 흘러가던 강원도. 그래서 어디든지 검댕투성이였습니다. 시냇물, 열차, 철길, 사람들의 보금자리인 탄광촌까지…. 해가 저물고 까만 밤이 오면 광부들은 고된 일을 마치고 사랑하는 가족에게 돌아갔습니다. 그들의 얼굴조차 석탄가루가 묻어 새까맣더랬지요.

그러나 까만 전성기는 오래가지 않았습니다. 1980년대 이후 대도시 난방 연료가 연탄에서 석유, 가스로 바뀐 탓이었습니다. 석탄 수요가 줄어 탄광이 하나둘 문을 닫고 1990년대 이후에는 사실상 모든 탄광이 문을 닫았습니다. 광부들도 이곳을 떠나 지역은 빠르게 위축되었습니다. 인구가 13만 명을 웃돌던 정선군, 태백시의 인구는 현재 4분의 1 수준이 되었고, 지금도 계속 줄고 있죠. 강원도에 변화가 필요한 시점이 도래한 것입니다. 사람들은

탄광 개발이 한창이던 시기, 정선 한 탄광의 광부들

변화의 해답을 강원도의 기후에서 찾았습니다.

강원도는 대한민국에서 겨울철 기온이 가장 낮으면서 강수량은 다른 지역에 비해 많기 때문에 눈이 엄청 내립니다. 강원도의 강설량은 조선 시대부터 유명했죠. 눈이 오면 불편한 것이 많았기에 1980년대까지만 해도 강원도의 엄청난 눈은 일상생활의 불청객에 불과했습니다. 그런데 2000년대 이후 사정이 바뀌었습니다. 하얀 눈으로 덮인 산에 스키와 스노보드를 즐길 수 있는 스키장, 리조트, 호텔이 들어서고 눈과 관련된 축제와 행사가 열리기 시작한 것이죠. 한 번쯤 이름을 들어 보았을 피닉스, 용평, 하이원, 오투 같은 국내 스키장 모두 강원도에 위치합니다. 강원도에 눈이 많이 내린 것이 어제오늘 일이 아닌데 왜 2000년대가 되어서야 스키장이 들어선 걸까요? 이는 우리나라 국민소득 수준과 관련이 높습니다. 1990년대 이후 평균 소득이 높아짐에 따라 부자들의 전유물이었던 스키를 너도나도 즐길 수 있게 된 것이지요. 이제는 누구도 강원도에서 검은색을 가장 먼저 떠올리지 않습니다. 강원도 평창군이라는 지명을 들으면 탄광이 아니라 스키장과 '2018 평창동계올림픽'을 먼저 말하겠죠. 이렇게 흑에서 백으로, 상징하는 색깔이 극단적으로 바뀌어 버린 지역이 또 있을까요?

원래 색깔은 녹색

그런데 하양도 검정도 원래 강원도의 색깔은 아닙니다. 이 지역을 상징하는 색깔은 녹색, 그것도 아주 짙은 녹색이었습니다. 이중환은 『택리지』에서 강원도를 두고 이렇게 이야기했죠.

산속에는 평평한 들이 조금 열려 논도 있고, 시냇가 바위도 아주 훌륭하다. 농사짓기와 고기잡이에 모두 알맞으니, 이곳은 동천(산천으로 둘러싸인 경치 좋은 곳)이다.

이 시냇물이 영월·상동을 지나 고을 앞에 있는 임계역 서편 기슭으로 들어온다. 남쪽은 정선 여량촌인데, 우통수가 북에서 흘러와 이 마을을 둘러서 남으로 흘러간다. 양쪽 언덕이 제법 넓고, 언덕 위에는 큰 소나무와 흰 모래가 맑은 물결을 가리며 비치니, 참으로 은자가 살 만한 곳이다. 다만 논밭이 없어 한스럽지만, 마을 백성들은 모두 넉넉하게 자급자족한다.

글에서 선선한 녹색 향기가 느껴지지 않나요? 요약하자면 강원도는 평지는 별로 없고, 높은 산과 맑고 서늘한 냇물이 흐르는 지역이라는 뜻입니다. 세상을 떠나 숨어 살기 좋은 곳이고요. 그런데 이상합니다. 조선은 농업 사회였건만, 논밭이 없는 강원도에서 백성들이 어떻게 자급자족했다는 걸까요?

여기에는 두 가지 이유가 있습니다. 하나는 산이 많고 길이 험해 교통이 매우 불편하다는 것입니다. 지도에서 볼 수 있듯이 이 지역에는 아직까지도 그 흔한 고속도로 하나 지나가지 않습니다. 촘촘한 고속도로 그물망에 큰 구멍이 하나 뚫린 것처럼 보이지요. 저 구멍이 온통 높은 산입니다. 높은 산으로 가득하다 보니 고속도로를 까는 데 비용도 많이 들어가고 작업도 어렵습니다. 그런 반면에 인구는 많지 않아 들어가는 비용에 비해 경제성도 높지 않습니다. 지금도 이런데 조선 시대라면 오죽했을까요? 그래서 이 지역 사람들은 다른 지역과 교류는커녕 지역 안에서도 교

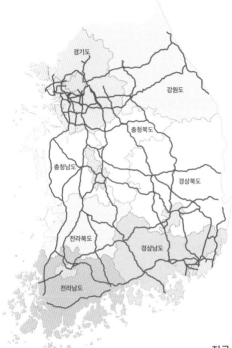

류가 많지 않았습니다. 다른 지역과 교류가 적다 보니 서로 비교할 일도 없고, 자연이 주는 대로 소박하게 살아가는 것에 익숙하여 큰 욕심 부리지 않고 작은 것에 만족하며 살았던 것이죠.

다른 하나는 강원도 고유의 자연환경 덕분에 특산물이 많았다는 점입니다. 무엇보다 조선 팔도에 최고급 목재를 공급했습니다. 나무는 함경도 일대에도 많이 있었지만, 한양까지 목재를 나르기가 쉽지 않았지요. 이와 달리 정선, 영월, 평창에는 조양강, 동강, 평창강 등 한강으로 이어지는 하천이 가로지르고 있습니다.

물길에 목재를 흘려 한양으로 나를 수 있었던 겁니다. 강원도의 목재는 그 명성이 어찌나 높았는지, 왕실이나 고관대작들이 좋은 나무를 일찍이 찜해 두기도 했죠.

한양으로 목재를 나르는 일은 의외로 편리했습니다. 나무를 엮어 뗏목을 만든 뒤 강을 따라 타고 내려가면 되었으니까요. 중간중간 물길이 험한 곳에서 뗏목이 뒤집히거나 목재가 흩어질 위험도 있었지만 노련한 뗏목꾼들은 물길을 잘 알았기 때문에 험한 물살을 절묘하게 타 넘어갔습니다. 이 뗏목들이 모여드는 중간 터미널이라 할 수 있는 곳이 바로 정선 아우라지였고, 종점은 마포나루였습니다. 한강을 따라 마포나루에 도착한 뗏목은 그대로 해체되어 목재로 팔려 나갔고, 뗏목꾼은 그 돈을 쥔 채 홀가분한 몸으로 돌아오곤 했습니다. 지금은 뗏목 대신 기차나 트럭을 이용하기 때문에 아우라지는 정선아리랑과 여러 민속놀이의 발상지로만 남았습니다.

그로부터 시간이 한참 지난 1950년대 강원도의 새로운 녹색이 탄생했습니다. 바로 고랭지농업입니다. 이 지역은 고도가 높아 여름에도 기온이 낮고 서늘합니다. 여름철 평균 기온이 다른 지역보다 약 5도 낮죠. 공짜 에어컨이 있는 셈 아니냐고요? 하지만 농사짓기에는 영 불리했습니다. 여름철이면 다른 지역 곡식들은 여물어 가는데 강원도만은 그렇지 않았죠. 농부들은 생각의 전환을 시도했습니다. 여름 기후가 다른 지역의 가을이나 진배없으니,

배추·무·옥수수 등 가을 작물을 여름에 키우기로 한 겁니다. 이 것이 고랭지농업입니다. 수도권 인구가 급증하던 1950~1960년 대에 강원도의 고랭지 채소는 날개 돋친 듯 팔려 나갔습니다. 사 시사철 밥상에서 김치가 빠지지 않는 한국인의 식습관 때문에 여름에도 대도시에서는 배추, 무 수요가 끊이지 않았고 이때 이 작물을 제공할 수 있는 건 강원도 농가뿐이었죠.

짧았던 전성기

목재와 고랭지농업으로 녹색이던 강원도의 상징 색깔이 검정으로 바뀐 시기는 1960~1970년대입니다. 녹색이 검은색으로 바뀌었다고 하면 부정적인 느낌이 들 수도 있습니다. 아무래도 검정의 이미지가 그러하니까요. 우리는 나쁜 마음을 흑심이라고 하고, 누군가의 태도나 성격이 나쁘게 바뀌면 '흑화'했다고 표현하기도 합니다. 판타지 게임에서도 선한 마법사는 백마법을, 악한 마법사는 흑마법을 사용하죠. 하지만 강원도는 이런 검은색이 상징이던 시절 가장 부유했고, 빠르게 발전했고, 짧게나마 전에 없었던 전성기를 누렸습니다. 1980년대까지만 해도 특별한 교육이나 경력이 없는 노동자들이 광산만큼 많은 돈을 벌 수 있는 일자리는 별로 없었습니다. 그래서 비록 일은 험해도 이 지역은 다른 지역보다 소득이 더 높았습니다. 한때 '개도 만 원짜리를 물고 다닌다.'라는 말이 나올 정도였으니까요.

하지만 돈이 많이 돈다고 좋지만은 않았습니다. 우선 이 지역에 난립한 탄광들 중에는 한철 반짝 돈만 벌고 빠져나가려는 투기성 자본으로 세워진 곳이 많았습니다. 광부들도 빠르게 돈을 벌고 떠날 생각이었지 정착할 마음은 별로 없었습니다. 그래서 지역을 살기 좋게 가꾸는 일에는 다들 관심이 없었고 상하수도, 학교 등 도시 기반 시설은 부족한데 인구만 늘어나며 난개발이 이루어졌죠.

게다가 탄광 일도 상상 이상으로 위험했습니다. 개발도상국 시절이라 인권 의식도 행정 체제도 엉성했습니다. 안전장치가 제대로 갖춰지지 않은 상태에서 광부들이 투입되다 보니 광산 사고로 인명 피해가 빈번하게 발생했고, 노동 인권과 피해 보상 체계도 미비해서 사고가 생기면 그걸로 끝이었죠. 게다가 큰 사고를 당하지 않더라도 광부들 중 상당수가 갱도를 가득 채운 탄가루 때문에 심각한 호흡기 질환인 탄폐증에 시달렸습니다. 탄폐증은 허파에 너무 많은 양의 먼지가 지속적으로 들어와서 가래나 기침으로도 다 배출하지 못하면, 점점 넓은 부위가 오염되고 딱딱하게 굳으면서 호흡도 점점 어려워지는 병입니다. 당연히 생명에 위협을 주는 데다가 오늘날까지도 치료법이 없는 무서운 병이지요.

이런 이유들로 평창, 정선, 태백의 탄광촌들은 연탄의 수요가 줄기 시작함과 동시에 순식간에 쇠락하고 말았습니다. 원래 사람

별로 안 사는 두메산골 상태가 계속 이어져 왔다면 상관없겠지만 한때 대도시 부럽지 않게 번창하다 빠르게 쇠락하다 보니 많은 문제가 발생했습니다. 흥청거리던 시절 자연환경을 파괴해 가며 마구 지었다가 주인 없이 버려진 각종 건물과 시설, 일자리는 사라졌지만 떠나갈 곳도 그럴 돈도 없어 그냥 머물러 살아야 하는 사람들이 남았습니다. 한때 붐비던 사람들이 썰물처럼 빠져나가고 난 도시는 처음부터 한적했던 도시보다 훨씬 을씨년스럽고 서글퍼 보입니다.

희망은 결국 무슨 색?

　정부, 지방자치단체, 그리고 주민들이 이 지역이 쇠락하도록 두 손 놓고 구경만 한 것은 아닙니다. 앞서 살펴본 것처럼 지역을 살리려는 다양한 시도가 있었습니다. 겨울 스포츠의 중심지, '하얀 나라'로 만들고자 여러 대형 스키 리조트가 세워졌고 2018년 동계올림픽 유치도 이루어졌죠. 국가 행사인 올림픽을 준비하면서 이 지역에 많은 국고 지원이 들어왔고, 덕분에 도로, 철도 등 교통 기반 시설이 몰라볼 정도로 많이 개선되었습니다. 정선만 하더라도 서울에서 자동차로 다섯 시간 넘게 걸리던 곳이었는데, 이제는 두 시간 반이면 가는 거리가 되었습니다. 뿐만 아니라 한때 가장 많은 탄광이 모여 있던 정선군 사북읍에는 1988년 국내 유일의 내국인 카지노 강원랜드가 들어서, 스키장에 이어 또 다른 강원도의 명소로 자리 잡기도 했지요.

하지만 동계 스포츠도 카지노도 기대했던 만큼 강원도를 되살리지는 못했습니다. 정선군 사북읍의 예를 들어 보면, 1980년에는 인구가 5만 명이 넘었지만, 스키장과 카지노가 들어선 뒤로도 전성기의 5분의 1에 못 미치는 1만 명 이하에서 맴돌고 있습니다. 스키장은 겨울에만 활기를 띨 뿐이고, 그나마도 지금의 청년 세대는 과거 세대보다 스키를 비롯한 동계 스포츠에 흥미가 덜합니다. 카지노는 경제적 효과는 어느 정도 있지만 그 부작용 역시 만만치 않은 시설입니다.

가령 정선군 강원랜드의 인근에는 우리나라 그 어느 지역보다도 많은 전당사들이 모여 있습니다. 전당사란 급하게 돈이 필요한 사람에게 귀중품을 저당 잡고 비싼 금리로 돈을 빌려주는 일종의 금융 소매업인데, 바로 짐작할 수 있겠지만 카지노에서 돈을 탕진한 사람들이 주된 고객이지요. 그런 이들 중에는 전당사에 온갖 물건들을 저당 잡히고 돈을 빌려서는 다시 탕진하며 폐인으로 전락하는 경우도 많습니다. 그리고 마지막에는 이곳까지 타고 온 자동차를 저당 잡힙니다. 대체로 자동차를 저당 잡힌 사람들은 다시 돌아오지 않는다고 합니다. 그 돈마저 탕진한 뒤 잠적해 버리거나 극단적 선택을 하는 것이죠. 그렇다고 전당사가 저당 잡힌 자동차를 함부로 압류하여 팔아 치우기도 어려우니 돈

갚으러 올 날을 기다리며 어딘가에 주차해 두어야 하는데, 이 때문에 넓은 면적에 인구는 5만 명도 되지 않는 정선군이 주차 공간 부족으로 애를 먹는 엉뚱한 현상이 나타납니다.

　2018 평창동계올림픽 역시 강원도에 많은 상처를 남겼습니다. 이를 가장 잘 보여 주는 사례가 동계올림픽 스키 경기장이 있었던 가리왕산 문제입니다. 가리왕산은 해발 1,560미터가 넘는 산으로 태백산, 오대산과 비슷한 큰 산입니다. 태백산, 오대산만큼 관광지로 알려지지 않아 원시적인 자연이 잘 보전되어 있는 산이기도 합니다. 오염되지 않은 계곡에서만 볼 수 있다는 이끼 폭포는 가리왕산의 자랑거리이죠. 그런 가리왕산이 2018년 동

계올림픽 스키 경기장을 짓는 과정에서 크게 훼손되었습니다. 단 15일간 치러지는 대회를 위해 무려 15만 그루나 되는 나무가 베어졌고, 봉우리가 밀려 평지로 닦였고, 리프트가 설치되었습니다. 이는 환경 친화적인 올림픽을 강조하는 오늘날 추세에도 맞지 않죠. 실제로 독일은 알프스 산지를 훼손할 수 없다고 시민이 반대하여 동계올림픽 유치를 포기하기도 했습니다.

동계올림픽조직위원회와 강원도는 우리나라에서 몇 안 남은 원시림을 파괴한다는 비판을 의식하여 올림픽이 끝나면 이를 모두 원상 복구 한다는 조건을 걸었습니다. 하지만 올림픽이 끝난 뒤에도 지역 경제 활성화 등을 이유로 강원도와 정선군은 리프트를 철거하지 않고 2024년으로 철거를 미루었습니다. 그리고 2024년이 되자 다시 이 시설을 철거하지 않고 계속 관광 목적으로 사용하려 하고 있습니다.

자, 이제 평창, 정선, 태백 지역의 희망은 어디 있을까요? 농사 짓기 불리한 산골, 그나마 광산도 문을 닫은 현재, 이 지역이 살아날 길이 관광산업에 있다는 것은 분명합니다. 다행히 이 지역의 원래 색깔이던 녹색에서 희망을 찾아야 한다는 목소리가 높아지고 있습니다. 높은 산, 울창한 숲, 여름이 서늘한 고원지대, 독특한 석회암 지형 등 이 지역의 깨끗한 환경과 아름다운 자연경관이야말로 인구 밀집 지역인 대도시 주민들은 평소에 보고 즐기기 어려운, 이 지역만의 보물인 것이죠.

마침 하이킹, 트레킹과 캠핑이 전 국민의 보편적인 여가활동으로 떠오르고 있습니다. 그렇다면 이 지역을 스키 등 겨울 스포츠뿐 아니라 사계절을 아우르는 레포츠의 성지로 만들 수도 있습니다. 제주도가 산과 계곡, 해안 등을 따라 걷는 산책로 '올레길'로 부흥기를 맞이했던 것처럼 말이지요. 갈수록 귀해지는 녹색, 우리나라에서 마지막까지 지켜야 할 녹색 지역이 있다면 바로 이 지역일 것입니다.

2월

잃어버린
선비 정신을
찾아서

안동

안동시를 방문하면 제일 먼저 '한국 정신문화의 수도'라는 문구가 눈에 띕니다. 안동시가 2006년부터 사용하고 있는 자기소개 표어 중 하나로, 시청 입구와 도로 곳곳에서 볼 수 있고 시 누리집에도 등장하죠. 안동시가 이런 문구를 내걸게 된 배경은 무엇일까요?

	인구	면적	키워드
안동시	152,902명	1,522km²	전통문화, 유교, 서원, 민속, 하회탈

한국 정신문화의
수도

1년 열두 달 중 학생들의 마음이 가장 심란한 시기는 2월일 것입니다. 차라리 3월은 낫지요. 이미 개학을 해 버렸으니 마음을 잡고 공부를 하면 되니까요. 하지만 종업식과 졸업식이 있고 개학을 기다리는 2월에는 온갖 상념으로 머릿속이 복잡합니다. 정들었던 학급과 학교를 떠나 새로운 학기를 앞둔 마음은 설렘 반, 걱정 반이죠. 지난 학년 혹은 지난 학교에서 공부를 제대로 하지 못했다는 후회가 밀려오기도 하고, 새해부터는 열심히 해야겠다는 각오가 솟아나기도 합니다. 그래서 2월은 후회와 각오의 달입니다.

그래서일까요? 봄방학 시기 가족 여행을 계획하는 학부모는 공부가 되는 여행지를 찾는 경우가 많습니다. 일종의 가족 수학여행이라고 할까요? 이런 가족 여행지로 가장 유명한 곳은 아마 경주이겠지만 지난 몇 년 사이 교육과 관광, 일석이조 여행지로 안동의 인기도 부쩍 높아졌습니다. 보통 안동 지역이라고 하면 경상북도 안동시, 영주시, 예천군, 봉화군 등을 아우르는데, 이를 통칭하여 '유교문화권'이라고 부르곤 합니다.

서두에서 보았듯이 안동은 '한국 정신문화의 수도'라는 문구를 표어로 사용해 오고 있습니다. 대한민국 정치·경제의 수도는 서울일지 몰라도 정신문화만큼은 안동이 수도라는 것인데, 자신감 넘치다 못해 거만하게까지 들릴 수 있는 표현입니다. 다른 지역의 '관광개발공사'나 '관광진흥공사'에 해당하는 기관도 '한국정신문화재단'이라는 이름을 내걸고 있죠. 얼핏 보면 무슨 학술 단체 같지만 실은 이 지역의 관광 진흥을 담당하는 곳입니다. 유교를 기반으로 하는 인문적 가치를 계승하고 진흥해서 이를 관광자원으로 개발하겠다는 것입니다.

그런 안동시이니 정신문화, 특히 유교 및 전통 사상과 관련된 시설이나 기관이 무척 많을 것 같습니다. 해외 국가들에도 그 나라의 철학을 보여 주는 대표 도시가 있습니다. 영국은 옥스퍼드, 미국은 보스턴, 독일은 하이델베르크가 유명하죠. 이런 도시에는 대학, 도서관, 연구소, 박물관, 공연장 등 학문과 문화 예술 시설이 즐비해 있답니다. 우리나라의 정신문화 수도를 자처하는 안동시도 그러할까요?

사실 해외의 그런 도시들을 떠올리고서 안동을 방문하면 크게 실망하기 쉽습니다. 가 본 사람이면 알겠지만 안동은 대학과 문화 시설보다는 드넓은 논밭이 먼저 눈에 들어오는 농촌 소도시이기 때문이죠. 인구 면에서도 학문과 예술 활동이 활발하다면 학생들의 유입이 많겠지만, 안동시는 외부 인구 유입이 거의 없고 인구의 80퍼센트가 토박이입니다. 이른바 '고인 물' 도시인데 그나마 2016년 경상북도 도청이 대구에서 이곳으로 옮겨 오지 않았다면 소멸 위기 도시가 되었을 것입니다. 그렇다면 안동은 어떤 근거로 정신문화의 수도를 자처하고 있는 것일까요?

이 궁금증은 정신문화 앞에 '전통'이라는 말을 붙이면 비로소 풀립니다. 학문, 예술 활동이 활발한 정신문화의 중심지라는 뜻이 아니라 전통 사상, 전통문화를 잘 보존하고 계승한 지역이라는 뜻이니까요. 비유하자면 연구소보다는 박물관에 가까운 의미라고 할 수 있습니다. 실제로 안동을 '지붕 없는 박물관'이라고 부르기도 합니다. 우리나라 전통문화의 유산이 가장 잘 보존된 지역이기 때문이지요. 특히 우리나라 전통문화의 세 줄기라 할 수 있는 불교문화, 유교문화, 민속문화가 모두 골고루 잘 남아 있고, 유적과 유물 등 유형문화재뿐 아니라 탈춤과 같은 무형문화재도 잘 보존되고 전승되어 오고 있습니다.

우리나라의 전통문화는 세계적으로도 수준 높은 정신문화로 평가되어 유네스코에서 산사, 서원, 그리고 민속 마을을 세계문화

유산으로 등재한 바 있습니다. 그렇게 등재된 일곱 개의 전통 사찰 중 두 개(봉정사, 부석사), 아홉 개의 서원 중 세 개(도산서원, 병산서원, 소수서원), 그리고 두 개의 민속 마을 중 하나(하회마을)가 안동과 그 주변 지역에 자리 잡고 있지요.

사찰은 당연히 불교 사찰을 말하는 것이지만, 서원은 또 무엇일까요? 서원書院은 유교의 성현과 유명한 유학자의 사당인 사祠와

안동시의
대표적 서원 중 하나인
병산서원

학생들을 가르치는 재齋가 결합된 일종의 사립학교입니다. 대체로 유명한 유학자를 기념하여 세워졌고, 여기에 선비들이 모이다 보니 일종의 교육기관 역할을 겸하게 되었습니다.

안동의 이러한 사찰과 서원들은 세계문화유산으로 지정된 곳들 중에서도 역사적 가치가 특별한 곳들입니다. 우리나라에 남아있는 가장 오래된 목조건물들이 바로 부석사 무량수전과 봉정사 극락전입니다. 우리나라 서원 중 가장 오래된 곳이 소수서원이며, 도산서원은 조선 시대 옥산서원과 함께 서원의 쌍벽을 이루었습니다. 그런가 하면 하회마을은 전통 가옥과 생활양식이 전국 민속 마을 중 가장 잘 보전된 곳입니다. 또 이곳에서 전승되어 온 하회별신굿탈놀이는 우리나라 민속무용 탈춤의 대표 주자이지요. 한국인이든 외국인이든 탈 하면 하회탈을 떠올립니다. 어쩌면 정신문화의 수도보다는 전통 정신문화의 보물 창고라고 부르는 편이 더 나을 수도 있겠습니다.

조선 시대 선비들의 이상향

이 지역은 조선 시대 선비들에게 각별한 동경의 대상이 되었습니다. 동경하는 것과 직접 와서 사는 것은 별개의 일이라고 해도 말이죠. 이중환의 『택리지』를 보면 당시 선비들이 이 지역에 대해 가지고 있는 호감이 얼마나 큰지 느낄 수 있습니다.

수천 년 동안 이 도에서 장군, 재상, 고관, 문장과 덕행이 있는 선비, 공을 세웠거나 절개를 지킨 사람, 유불선에 통한 사람들이 많이 나와, 이 도를 인재의 광이라고 한다.
우리 왕조에서도 선조 이전에는 국정을 맡은 자들이 모두 이 도 사람이었고, 문묘에 모신 사현도 이 도 사람이었다.

(…) 좌도는 땅이 메마르고 백성이 가난하지만, 비록 검소하게 살면서도 문학하는 선비가 많다.

조선 시대 문묘에 모신 다섯 학자를 동방 오현이라 하는데, 김굉필, 정여창, 이언적, 조광조, 이황입니다. 이 중 서울 출신인 조광조를 제외한 네 학자가 이 지역 출신임을 짚고 있습니다. 사실 조광조도 김굉필의 제자이니 사실상 모두 경상좌도 출신이라고 해도 과언이 아닙니다. 여기서 경상좌도란 서울에서 남쪽을 바라볼 때 왼편을 뜻합니다. 경상도를 경주를 중심으로 하는 좌도, 상주를 중심으로 하는 우도로 나누어 칭했던 당시의 표현이죠. 안동은 이 중 좌도에 속하는데, 대체로 '부유한 동네'였던 우도에 비해 좌도는 '가난하지만 공부 열심히 하는 동네'였습니다.

이것이 과연 좋다는 뜻인지는 애매합니다. 가난하더라도 학문과 품위를 놓지 않는 고고한 선비 정신을 무척 높이 평가하던 시대였으니 아무래도 칭찬에 가깝겠죠. 하지만 당사자들도 그렇게 생각했을지는 모르겠습니다. 칭찬을 좀 더 살펴보겠습니다.

이곳은 신이 알려 준 복된 땅이다.

태백산 밑은 산이 평평하고 들이 넓어 명랑하고 수려하며, 모래가 희고 흙이 단단해서 기색이 완연히 한양과 같다.

예안은 이황의 고향이고, 안동은 유성룡의 고향이다. 고을 사람들이 이들이 살던 곳에 각각 사당을 짓고 제사를 올린다. 그러므로 서로 가까운 이 다섯 고을에는 사대부가 가장 많은데, 모두 퇴계와 서애의 문인이나 자손이다. 의리를 밝히고 도학을 소중히 여겨, 비록 외딴 마을 쇠잔한 동네라도 문득 글 읽는 소리가 들리며, 해진 옷을 입고 항아리 창(밑 빠진 항아리를 벽에 끼우고 주둥이에 종이를 발라서 만든 창문)을 한 집에 살아도 모두 도덕과 성명(성리학)을 이야기한다.

칭찬에 인색한 이중환이 이토록 칭찬을 늘어놓은 지역은 이 지역이 거의 유일합니다. 이쯤 되면 마치 공자의 고향인 중국 산동성 곡부현을 묘사해 놓은 것 같죠. 수많은 유네스코 세계문화유산이 모여 있는 것이 어쩌면 당연하게 느껴집니다. 경치가 아름답고 풍수도 좋아 서울이나 다름없는 데다 문학과 도학, 한마디로 유교가 널리 성행하고 있으니 말입니다.

소외의 대가로 얻은 명성, 그러나

다만 유교가 널리 성행하고 있다는 것이 과연 좋은 일이기만 했을지는 따져 볼 필요가 있습니다. 조선이 유교를 국시로 한 사회였으니 유교가 성행하는 것은 좋은 현상 아니냐 하겠지만, 이게 그렇게 단순한 문제가 아닙니다. 도리어 안동은 조선에서 살

고개를 따라 구불구불하게 이어지는 죽령로(5번 국도)

짝 소외된 지역에 더 가까웠습니다.

　산간 오지나 벽지라 그런 건 아닙니다. 안동은 온통 산으로 가득한 경상도 북부 지방에서 가장 넓은 평야를 보유한 분지입니다. 게다가 낙동강 물길이 모이는 교통의 요충지이기도 합니다. 강물이 고속도로 역할을 하던 근대 이전에는 경상도 지방에서 서울로 가려면 낙동강을 거슬러 올라와 상주 혹은 안동에서 짐을 풀고 육로로 추풍령, 죽령, 새재를 넘어갔습니다. 이 중 죽령, 새재는 추풍령보다 훨씬 높고 험한 고개인 대신 넘기만 하면 바로 한강을 타고 서울로 갈 수 있는 길이었습니다. 그래서 경상도 전역의 선비들이 과거를 보기 위해 이 지역을 거쳐 서울로 가고, 서울에서 이 지역을 거쳐 자기 동네로 갔습니다. 당시 선비들은 죽령은 '죽죽 떨어진다'고 꺼렸고, 새재를 '새가 되어 높이 올라간다'며 선호했다고 하네요.

문제는 죽령, 새재가 높고 험한 산맥에서 그나마 넘어갈 만한 곳이지 잘 뚫린 큰길은 아니라는 것입니다. 지금은 터널로 지나다녀 알 수 없지만 죽령 옛길, 새재 옛길을 직접 걸어 보면 몸으로 확인할 수 있습니다. 말이 좋아 길이지 그냥 등산입니다. 물론 경치가 좋아서 훌륭한 등산로이긴 하지만, 과거 보러 가는 선비들에게는 꽤나 힘든 길이었겠지요.

그래서 경상도 지방 선비들은 서울과의 교류는 드물고 대신 자기들끼리는 활발하게 교류하였습니다. 그중에서도 낙동강 터미널 격인 안동 지역의 선비들은 경상도 전역의 선비들과 교류할 수 있었기 때문에 선비들 사회에서는 안동이 서울이나 다름없다는 자부심을 느꼈습니다.

이는 사실 좋게 보면 꼿꼿하고 고고한 선비지만 나쁘게 보면 세상 물정 모르고 고집만 센 샌님입니다. 그래서 안동 지역 선비들은 서울, 호서 등 중앙 무대 선비들에 비해 학문적 깊이는 인정할 만하지만 물정을 모르고 정치력이 떨어진다는 평가를 받았습니다. 정치라는 것은 때로는 타협하고 현실에 맞추기도 해야 하는 것인데, 이 지역 선비들은 공자와 맹자의 도리를 내세우며 꼿

꿋하게 버티다 보니 외골수로 찍히거나 임금의 노여움을 사는 경우가 많았습니다.

조선이 유교적 소양을 평가하는 과거제도로 관료를 선발했다고는 하지만, 실무 능력과 정치력이 중요한 관직을 유교적 소양만 보고 임명할 정도로 순진한 사회는 아니었습니다. 이런 점에서 이 지역의 '유교부심'은 순진한 면이 있었고, 이중환은 바로 이 점을 날카롭게 꼬집었습니다.

최근 100년 동안 영남 사람 가운데 정2품 정경이 된 자가 두 사람, 종2품 아경이 네댓 사람이고, 정승이 된 사람은 없었다.
(…) 그러나 옛날 선배들이 남긴 풍습과 혜택이 지금까지도 없어지지 않아 예의와 문학을 숭상하는 풍속이 있으며, 지금도 과거에 많이 합격하기로는 여러 지방 가운데 으뜸이다.

학문적 성취는 최고인 지역이라 과거 급제자 역시 전국에서 가장 많이 배출했지만, 그들 중 정치적으로 성공하는 이는 많지 않았다고 합니다. 100년 동안 정승은커녕 판서도 겨우 두 사람을 배출할 정도였으니 소외되어도 이만저만 소외된 것이 아니지요. 그 많은 급제자들이 다 어디로 간 걸까요? 조선 후기의 대표적인 세도정치 세력이었던 안동 김씨 가문도, 그냥 성씨가 안동 김씨일 뿐 모두 서울 사람들이었습니다.

과거에 급제할 정도로 글공부는 했는데 막상 출세를 못 하고 고향에 돌아온 선비들이 할 수 있는 일로는 과연 무엇이 있을까요? 명색이 양반이니 농사를 짓거나 장사를 하지는 않았을 것입니다. 결국 서원에 모이거나 직접 서원을 세워서 더더욱 글공부에 몰두하고, 책을 쓰고, 학생들을 가르치는 것 외에는 할 일이 남지 않습니다. 바로 여기에 '한국 정신문화의 수도'의 비밀이 숨어 있습니다. 어찌 보면 안동은 공부 잘한다는 자부심은 높으나 소외된 사람들의 고장이었던 겁니다. 흥선대원군이 서원을 철폐하기 전까지 안동에만 서원이 40개가 넘을 정도였다고 하니, 지역의 분위기가 짐작되지요.

근대화 이후 안동은 더 소외되었습니다. 경부선 철도가 개통되고 육상 교통수단이 발달하면서 낙동강 물길이 사실상 쓸모없어졌기 때문입니다. 경상도의 터미널 역할 역시 경부선이 지나가는 김천, 대구에게 내주었습니다. 해방 이후 구미, 포항이 산업도시로 발전하는 동안에도 안동은 교통이 불편하고 낙후된 농촌 지역에 머물렀습니다. 서울과의 연결성이 지역 발전을 좌우하던 1960~1990년 시기에는 서울에서 오가기 불편한 오지 취급을 받았지요. 서울과 연결되는 철도도 열차가 한 시간에 하나 꼴에 불과했고 그나마 경부선보다 훨씬 느리게 운행되었습니다. 그 흔한 고속도로마저 2001년에야 연결되었습니다.

유교를 국시로 내세운 조선 시대에야 비록 정치적으로 출세는 못 해도 유교 공부를 깊게 하는 이 지역 선비들이 나름 존중받을 여지가 있었습니다. 하지만 근대화 이후에 이 선비들은 다만 신문물에 어두운, 낙후된 이들에 불과했습니다. 심지어 이중환이 『택리지』를 쓰던 시절에도 벌써 그런 조짐이 보였던 모양입니다. 이렇게 말하고 있으니까요.

> 근래에는 이런 풍습이 차츰 스러져, 비록 정직하고 언행을 삼가기는 하지만 형식에 얽매이며 도량이 좁고 실질이 적다. 그러면서 말다툼이나 좋아하니, 옛날보다 못하다는 것을 알 수 있다.

이황과 유성룡의 후예라는 이름만 남았지, 오히려 그 유산을 발전시키기는커녕 매너리즘에 빠져 형식에나 얽매이며 속 좁은 꽁생원이 되었다는 강한 비판입니다. 오늘날 우리나라에서 유교라는 말은 고리타분하고, 앞뒤 꽉 막히고, 시대에 뒤떨어졌다는 등의 느낌을 주는데, 유교의 이미지를 이렇게 만든 주범이 바로 이들이라고 지적하고 있는 것입니다. 이미 조선 후기에 말이죠. 시대에 뒤떨어진 줄도 모른 채 옛것만 강조하고 가르치려 드는 고집 센 어른을 '꼰대'라고 부릅니다. 이미 조선 후기에 이 지역은 꼰대 이미지를 가지고 있었던 것입니다.

그런데 안동이 자랑하는 이황, 유성룡, 김성일 같은 유학자들은 앞뒤 꽉 막히고 도리와 예절만 강조하는 그런 답답한 선비들,

너그럽고 유연한 마음의 소유자였던 퇴계 이황을 기리는 동상

즉 꼰대가 결코 아니었습니다. 가령 이황은 과부가 된 며느리를
재가시키고, 아들뻘 되는 기대승이나 이이의 당돌한 도발도 너그
럽고 정중하게 받아 주는 유연한 마음의 소유자였습니다. 글공부
만 한 사람도 아닙니다. 오늘날에 빗대면 국영수뿐 아니라 음악,

미술, 체육에도 두루두루 능했던 인물입니다. 젊을 때 글공부를 너무 열심히 하다 건강을 한번 해친 적이 있어, 이후 등산과 같은 신체 활동도 부지런히 했다고 합니다.

산 역시 단순히 운동 삼아 오른 것이 아닙니다. 청량산, 소백산 등 명산을 오르며 자연의 아름다움을 즐기는 풍류한량風流閑良 기질도 다분히 있었던 인물입니다. 지금도 경상북도 북부와 충청북도 남부에는 퇴계 이황이 경치가 좋다며 시를 쓰고 정자를 지었다는 곳이 여럿 있습니다. 만약 타임머신을 타고 도산서원으로 이황을 찾아간다면 바른 자세로 조용히 글공부를 하는 학생들 앞에 엄한 얼굴로 앉아 있는 모습보다는 경치 좋은 곳을 함께 찾아 거문고 뜯고 노래하며 제자들과 격의 없이 어울리는 모습을 만날 가능성이 더 큽니다.

한편 이황의 수제자였던 학봉 김성일은 임진왜란 때 멀리 전장에 나가 군사를 지휘하는 그 바쁜 시기에 짬을 내어 아내에게 애절한 정이 느껴지는 편지를 써서 보내기도 했습니다. 근엄하고 깐깐한 선비라기보다는 자상한 남편과 아버지의 모습이 그대로 엿보입니다.

요사이 추위에 모두 어찌 계시는지 매우 염려되네.
나는 산음고을로 와서 몸은 무사히 있지만,
봄이 닥치면 도적들이 해롭게 할 것이니 어찌할 줄 모르겠네.

또 직산에 있던 옷은 다 왔으니 추워하고 있는지 걱정하지 마소.

(…)

살아서 서로 다시 보면 끝이 날까마는 기약하지 못하겠네.

그리워하지 말고 편안히 계시오.

그지없어 이만.

「학봉 김성일이 아내 안동 권씨에게 보낸 편지」, 김성일, 1592

만약 이 지역이 한국 정신문화의 수도라는 말을 지키고 진정 저러한 선현들을 계승한다면, 경전이나 형식에 얽매임 없이 유교를 현대적으로 재해석하고 확장한 연구 성과들을 배출해야 합니다. '유교랜드'라는 엉뚱한 놀이공원을 만들어 시대에 맞지 않는 내용을 전시하고, 여학생들을 모아 놓고 맏며느리 교육을 체험시키고, 각종 제사와 유교 행사를 재현하는 것만이 유교를 계승하는 방법은 결코 아닐 것입니다.

근엄한 선비에서 미소 짓는 하회탈로

지금까지 소개한 내용만 읽으면 이 지역을 너무 꼰대로 몰아세운 것처럼 느껴질까 걱정됩니다. 안동 하면 꼰대 이미지가 강한 것이 사실이기도 합니다. 하지만 막상 안동을 찾아보면 의외로 여행자에게 큰 즐거움을 주는 곳임을 알 수 있습니다. 물론 도시 분위기가 다정하거나 친절한 쪽과는 조금 거리가 있고, 또 화려하거나 세련되거나 한 것도 아닙니다. 어딘가 고리타분한 느낌이 아주 없는 것도 아니죠. 하지만 유교문화의 영향인지 몰라도 도시가 잘 정돈되어 있는 편이며 사람들도 무뚝뚝한 대신 대체로 정중하고 경우 바른 편입니다.

그리고 안동은 무엇보다 풍경이 매우 아름답습니다. 이 지역은 설악산처럼 화려한 경치는 없어도 전체적인 분위기, 이른바 풍광이라고 하는 영역에서는 우리나라에서 손꼽히는 고장입니다. 유유히 흘러가는 낙동강이 산을 휘감으며 태극 모양의 '산태극', '수태극'을 이루는 곳이 아주 흔합니다. 40개가 넘는 서원이 세워진 까닭도 그만큼 경치가 빼어난 장소가 많기 때문입니다.

아름다운 자연을 배경으로 고상하게 자리 잡은 사찰과 서원이 빚어내는 풍경, 이것이 안동이 가진 가장 큰 자원입니다. 더구나 이 풍경을 감쌀 콘텐츠가 풍부합니다. 안동하회마을이 양동민속마을, 외암민속마을 등 다른 민속 마을들보다 압도적으로 많은 관광객을 유치하는 데 성공한 까닭은 옛날 집만 남아 있는 것이 아니라 이곳을 배경으로 다양한 공연, 전시, 축제가 열리면서 콘텐츠를 생산하는 데 성공했기 때문입니다.

더구나 2000년대 이후 안동 지역에 새로운 기회가 열렸습니다. 서울과 연결되는 고속도로가 두 개나 생겼고, 2023년에는 고속열차 노선인 KTX-이음까지 개통했습니다. 이전에는 서울에서 안동까지 오는 데 편도로 다섯 시간이나 걸리던 것이 이제는 두 시간 남짓으로 줄었습니다. 수도권 당일 여행 코스가 되었다는 뜻입니다.

만약 우리나라가 한창 성장하고 인구가 늘던 1970~1980년대부터 이렇게 교통이 편리했다면 안동은 엄청난 대도시로 성장할 수도 있었을 것입니다. 하지만 이미 저출산·고령화 시대에 접어든 다음의 일이라 때늦은 감이 있지요. 그러니 서울과의 교통이 편리하다는 장점이 발휘될 영역은 관광 하나 남았습니다. 그런 점에서 이른바 '정신문화의 수도'라는 구호는 장점도 되고 약점도 됩니다. 풍부한 문화유산은 분명 훌륭한 관광자원이지만 유교문화의 중심지라는 이미지는 고루하다는 느낌을 줄 수밖에 없기 때문입니다.

그래서일까요? 2021년 안동시가 선정한 관광 브랜드는 정신문화의 수도, 유교의 중심지 등등의 이미지가 아니라 빙그레 웃는 하회탈 형상을 하고 있습니다. 영어로도 "Smile Forever"라고 안동을 소개하지요. '정신문화'의 고장 역시 영어로 'spiritual culture'가 아니라 'folk culture'의 고장이라 옮기고 있습니다. 한국 정신문화의 수도가 아니라 한국 민속문화의 수도로 소개한 것입니다.

하회탈은 이 지역에서 가장 인기 많은 관광지인 하회마을에서

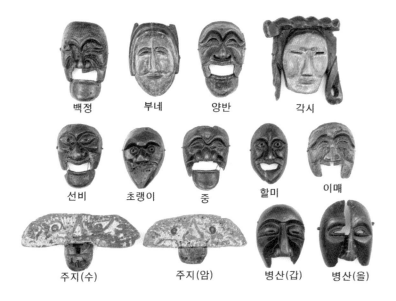

백정　　부네　　양반　　각시

선비　　초랭이　　중　　할미　　이매

주지(수)　　주지(암)　　병산(갑)　　병산(을)

하회별신굿탈놀이에 사용되는 여러 종류의 탈

내려온 하회별신굿탈놀이에서 쓰는 탈입니다. 탈의 대명사처럼 알려진 하회탈에는 별신굿탈놀이에 등장하는 여러 캐릭터의 개성이 익살스럽게 잘 표현되어 있습니다. 그중 우리에게 가장 널리 알려진 탈, 하회탈 하면 떠오르는 그 탈은 바로 양반탈입니다.

별신굿탈놀이에서 '양반'은 조금 더 날카로운 인상의 '선비'와 함께 등장해, 유식한 척하지만 사실은 무식하고 점잖을 빼지만 사실은 응큼한 이중성을 보여 주는 인물입니다. '양반'의 노비인 '초랭이'가 이들을 바라보며 지배계급의 허세와 위선을 폭로하고 조롱하는 역할이죠. 그 밖에도 타락한 승려의 모습을 묘사한 '중',

가부장제의 모순을 풍자한 '할미' 등 다양한 인물이 등장해 웃음과 함께 신랄한 풍자를 선사합니다.

이렇듯 상류층의 허세와 위선을 조롱하는 것이 주된 내용이다 보니, 별신굿탈놀이에서 탈을 쓰는 까닭도 신상을 감춘 채 높은 분들을 마음껏 조롱하기 위해서였습니다. 유교문화의 중심지, 선비의 고장임을 자랑하던 지역에서 선택한 대표 이미지가 오히려 선비를 조롱하고 풍자하는 탈이라는 것이 무척 역설적이라고 할 수 있지요.

하지만 선비의 고장, 양반의 고장의 품위를 떨어뜨렸다고 반대하는 여론은 전혀 없습니다. 실제 이 하회탈, 민속놀이의 고장이라는 이미지가 안동을 국제적인 관광지로 만드는 데 큰 역할을 했기 때문입니다. 무엇보다 외국인 관광객이 부쩍 늘었습니다. 안동을 여행하다 보면 외국인 관광객, 특히 유럽이나 미국에서 온 관광객이 많이 보입니다. 지역 소매업 매출의 60퍼센트 이상이 관광객으로부터 들어올 정도입니다.

어찌 보면 당연한 일입니다. 멀리서 비행기 타고 날아와서 다시 기차까지 타고 찾아온 외국인 관광객들이 유교와 민속놀이 중 어느 쪽에 더 흥미를 느낄까요? 그리고 이렇게 관광객들이 찾아와 지역 경제에 보탬이 되는데 그까짓 양반 체면 좀 손상되면 어떤가요? 이렇게 유연하고 개방적인 자세가 바로 이황과 유성룡 같은 이 지역 유교 선현들의 정신을 잇는 참된 자세일 것입니다.

안동은 지금도 변신 중입니다. 근엄한, 나쁘게 말하면 꼰대스러운 정신문화의 수도에서 해학과 재치 넘치는 하회탈, 민속의 도시로 말이죠.

신비한 지질학 사전

경상북도
청송

유교문화권이라 불리는 안동 근처에는 국립공원이 두 군데 있습니다. 소백산국립공원과 주왕산국립공원입니다. 이 중 소백산국립공원이야 안동 일대를 탐방하다 보면 어차피 한 번 이상 만나게 되어 있습니다. 세계문화유산인 부석사와 소수서원을 품고 있으니까요. 직접 올라가지 않아도 하늘을 가르며 이어지는 소백산 높은 산줄기의 당당한 위용을 감상할 수 있습니다. 하지만 안동시의 남쪽, 자동차로 한 시간 정도 거리에 위치한 주왕산국립공원은 일부러 찾아가야 만날 수 있습니다. 그래도 기왕 안

동까지 왔다면 조금 시간을 내서 주왕산국립공원이 있는 청송군 일대를 방문해 보는 것은 어떨까요?

하늘 아래 둘도 찾기 어려운 경관

경상북도 청송군은 군 전체가 '유네스코 세계지질공원'으로 지정되어 있는, 독특한 경관을 자랑하는 곳입니다. 청송 지질공원은 크게 신성계곡 권역과 주왕산 권역으로 나뉩니다.

신성계곡은 고원 사이를 파고들며 구불구불하게 흘러가는 감입곡류천이 만들어 낸 독특한 지형입니다. 곳곳에 깎아지른 절벽과 독특한 모양의 퇴적암층을 만들어 놓았는데, 그중 가장 압도적인 경관은 '한반도 지형'입니다. 한반도 지형 경관은 영월 한반도 지형도 유명하지만 청송 한반도 지형 경관이 북쪽의 산악, 남쪽의 평야가 더 선명합니다. 또 신성계곡에는 공룡 발자국 화석도 있습니다.

주왕산국립공원과 그 주변은 우리나라는 물론 세계에서도 보기 드문, 독특한 지질학적 경관을 자랑하는 지역입니다. 우선 주왕산은 누가 설명해 주지 않아도 직접 보는 순간 특별한 경관이라는 것을 확실하게 느낄 수 있습니다. 어디에서도 이와 비슷한 풍경을 볼 수 없지요. 굳이 찾아본다면 실제 풍경이 아니라 조선의 유명한 화가 안견이 상상으로 그린 〈몽유도원도〉(1447)의 풍경과 비슷합니다. 구름이나 안개라도 낀 날이면 정말로 조선 시대 수묵화 속에 들어와 있는 것 같은 착각이 들죠.

주왕산의 경관이 이토록 독특한 까닭은 산이 만들어진 과정

청송군 신성계곡의 한반도 지형

이 독특하기 때문입니다. 주왕산은 화산지형이긴 하지만 우리나라의 다른 화산지형들과 전혀 다른 과정을 통해 만들어졌습니다. 화산활동과 관련된 우리나라의 산들은 대부분 화산 폭발로 분출한 용암이 굳어져서 만들어진 현무암으로 이루어졌습니다. 또 우리나라에서 가장 흔하게 찾아볼 수 있는 암석은 용암이 땅속에서 서서히 식으면서 만들어진 화강암입니다. 제주도 해안과 강원도 한탄강 일대에서 볼 수 있는 시커먼 절벽을 이루는 암석이 바로 현무암이고, 전국 각지 바위산의 옅은 누른색 절벽을 이루는 것이 바로 화강암입니다.

　하지만 주왕산 일대는 현무암도 화강암도 아닌 응회암으로 이루어져 있습니다. 응회암凝灰巖은 재가 굳어져 만들어진 바위라는 뜻이지요. 용암이 아니라 화산재가 차곡차곡 쌓인 뒤 굳어져

응회암 지형으로 독특한 경관을 자랑하는 주왕산

거대한 절벽과 봉우리가 된 곳이 바로 주왕산과 그 일대인 것입니다.

이러한 응회암 지형이 세계적으로도 보기 드문 경관의 핵심이라고 할 수 있습니다. 그럴 수밖에 없는 것이, 끈끈한 점성이 있는 용암이 한 덩어리로 뭉친 채 식어서 바위가 되는 것보다 화산재가 흩어지거나 날아가지 않고 그대로 굳어 단단한 바위를 이루기가 훨씬 어려울 테니까요. 만들어지기까지 시간도 훨씬 많이 걸립니다. 주왕산 일대처럼 한두 개의 바위나 절벽도 아니고 거대한 절벽 지대를 이루는 것은 거의 기적에 가까운 일입니다.

게다가 주왕산 일대는 이렇게 만들어진 거대한 절벽 지대 사이로 물이 흐르며 차별적인 침식작용을 통해 곳곳에 아름다운 협곡을 만들어 내었습니다. 화산재가 대규모로 쌓여 큰 절벽이 만

들어지고, 다시 그 절벽이 물에 깎여 아름다운 경관을 만들 확률은 얼마나 될까요? 그것이 실제로 일어난 곳이 바로 주왕산입니다. 그래서 주왕산(1976년)은 북한산(1983년), 치악산(1984년), 소백산(1987년), 월악산(1984년) 같은 유명한 산들보다 먼저 국립공원으로 지정되었죠.

하늘 아래 가장 깨끗한 공기

응회암 지형이 진귀하고 아름다운 경관을 제공하는 것은 좋은 일이지만, 문제는 농사에는 그리 도움이 되지 않는다는 것입니다. 일단 지역의 거의 대부분이 산지이며 얼마 되지 않는 평지도 평균 고도가 해발 250미터로 기온이 낮아 벼농사에는 불리합니다.

하지만 청송 하면 떠올릴 수밖에 없는 농작물이 있습니다. 바로 사과입니다. 원래 사과는 대구 인근이 주요 산지였지만 지구온난화로 인해 대구보다 기온이 낮은 청송이 사과의 주요 산지가 되었습니다. 청송군 농경지의 절반 이상 면적이 사과 재배지이며, 농가의 절반 이상이 사과 재배 농가입니다.

청송의 또 다른 특산물은 바로 고추입니다. 청송군은 쌀농사와 고추 농사 비중이 비슷할 정도로 고추 농사를 많이 짓는 지역입니다. 우리나라에서 가장 유명한 고추 품종 중 하나인 청양고추의 유래도, 이 품종을 개발하던 종자 회사의 시험 재배장이 청송군과 영양군에 있어 그 앞글자를 따서 붙인 것입니다. 충청남도 청양군과는 아무 관계가 없는 것이죠.

청송군과 영양군의 특산물인 청양고추

그런데 많은 사람들이 청양고추를 청양의 특산물로 오해하고, 청양군에서도 자기 지역을 유명하게 만드는 국민적 착각을 굳이 적극적으로 해명하지 않아 문제가 되었습니다. 청송군에서 '청양고추는 우리 지역 특산물입니다.'라고 애써 홍보해야 할 판이니 말이죠. 더군다나 지금은 해당 품종의 유전자 정보에 대한 지적재산권이 외국 기업인 몬산토에 넘어가, 외국에 로열티를 지불하고 재배하는 고추가 되었습니다. 이래저래 참 복잡한 사연이 있는 품종이지요.

그런데 이처럼 전국적인 특산물이라고 해도 사과와 고추만으로 지역의 활기를 유지하기는 어려웠습니다. 원래도 많지 않았던 인구가 유출되어 2024년 현재 청송군의 인구는 2만 명을 겨우 넘기는 수준입니다. 서울보다 더 넓은 면적에 서울의 한 개 동보다 적은 사람들이 살고 있습니다. 이런 경우 대부분의 지방자치단체는 산업 시설, 특히 제조업 공장을 유치하여 경제를 활성화시키고 일자리를 확보하여 인구를 늘리려 합니다. 그런데 청송군은 오히려 정반대의 길을 선택했습니다. 공장을 절대 짓지 않겠다고 선언한 것입니다. 공장뿐 아니라 축사 건설마저 금지했습니다. 대체 어떤 이유에서였을까요?

청송군은 넓은 지역에 이렇다 할 산업 시설 없이 얼마 안 되는 사람들이 살다 보니 공기와 물만큼은 전국 어디보다 깨끗한데, 공장 몇 개 들여오는 대신 그러한 청정 자연을 지키는 쪽을 선택했기 때문입니다. 실제로 1998년 환경관리청의 대기오염도 측정 결과 청송군은 우리나라에서 공기가 가장 맑은 지역으로 확인되기도 했습니다. 기왕 이렇게 된 것, 그 공기를 브랜드화 하자는 것이지요. 공기를 더럽히는 공장, 메탄가스와 악취가 발생하는 축사 설립을 금지하고 깨끗한 청송을 홍보하여 휴양과 '힐링' 산업을 중심으로 경제를 살려 보겠다는 것입니다. 심지어 주민의 자동차 이용을 줄여 공기를 깨끗하게 유지하기 위해 2023년 대중교통 완전 무료를 선언하기도 했습니다. 도시 브랜드명도 '산소카페 청송'이라고 지었습니다.

교도소의 슬픈 역설

주왕산국립공원과 깨끗한 공기를 즐기기 위해 찾아오는 관광객이 지역 경제에 상당히 도움이 되는 것은 틀림없는 사실이지만, 그것만으로 지역 경제를 유지하기는 어렵습니다. 또 교통이 불편하고 관광 인프라도 부족하여 많은 관광객을 유치하는 데도 한계가 있지요. 무엇보다도 관광산업은 트렌드를 탑니다. 특히 우리나라는 유행에 민감한 나라라 관광객이 갑자기 늘어날 수도 있지만 한순간에 줄어들 수도 있습니다. 그러니 관광산업뿐 아니라 꾸준히 일자리와 소득을 제공할 시설도 필요합니다. 그중 가장 대표적인 시설이 농공 단지라 불리는 공장 시설입니다.

하지만 앞서 살펴보았듯이 청송군은 도리어 공장 신설을 금지하는 조례를 시행하고, 심지어 축산업까지 강력하게 규제하여 사실상 퇴출하였습니다. 농어촌 일자리에 가장 큰 기여를 하는 공장도 축사도 다 배제한 것입니다. 당장의 일자리를 위해 우리나라에서 공기가 가장 깨끗한 지역이라는 브랜드를 포기할 수 없기 때문이었죠. 깨끗함이라는 이미지는 관광뿐 아니라 농산물 판매에도 매우 중요합니다. 청송이라는 브랜드가 붙은 사과와 고추는 더 깨끗하고 친환경적이라는 느낌을 주니까요.

그런데 여기서 청송군은 또 다른 놀라운 발상의 전환을 보여주었습니다. 공기를 더럽히는 시설은 경제적 효과를 포기하고서라도 거부하겠지만, 공기를 더럽히지 않는다면 다른 지역에서 혐오하는 시설이라도 기꺼이 받아 주겠다고 나선 것입니다. 기꺼이 받아 줄 뿐 아니라 오히려 적극적으로 유치하기까지 합니다.

그중 가장 대표적인 시설이 교도소입니다. 현재 청송군에는 경북북부교도소가 자리 잡고 있습니다. 제1·2·3 교도소와 직업 훈련교도소까지 총 네 개나 되는 교도소가 있지요. 수도권이나 대도시에서 멀고 교통이 불편한 산골짜기 오지라는 점이 오히려 교도소 입지로는 좋기 때문입니다. 그래서 재판 받을 일도 없고,

청송군에 위치한 경북북부교도소

당분간 교도소 밖으로 나갈 일이 없는 장기수들을 청송에 수용했습니다.

그런데 이 교도소가 청송군에게 꽤 도움이 됩니다. 교도소에는 죄수만 있는 것이 아니라 공무원도 있습니다. 청송군에만 해도 1,000명이 넘는 공무원과 가족이 거주하고 있고, 출퇴근하는 공무원은 이보다 더 많습니다. 인구 2만 4,000명인 지역에서는 상당한 인구 증가 효과입니다. 또 수용된 죄수가 2,500명이 넘습니다. 공무원과 면회객들을 고객으로 하는 각종 상업, 서비스업, 또 수천 명의 죄수와 교정 공무원에게 공급되는 식음료와 생필품 관련 사업도 청송군에는 안정적인 소득 기반이 됩니다. 게다가 선입견과 달리 교도소는 치안에도 오히려 도움이 됩니다. 아무리 간 큰 범죄자라도 교도소 근처를 어슬렁거리지는 않을 테니 말이지요.

그래서 청송군은 천안에 있는 여성 전용 교도소가 포화 상태에 이르자 여성 교도소도 청송에 지어 달라고 요구하고 있습니다. 뿐만 아니라 진보면에 교정 공무원을 위한 임대 아파트 부지를 조성하고 그 자녀들을 위한 학교 설립에도 나서는 등 교도소 유치에 상당한 공을 들이고 있습니다. 한편으로는 선입견을 넘어선 혁신적인 행정으로 보이지만, 다른 한편으로는 지방 소멸 위기에서 벗어나기 위해서 기피 시설도 마다하지 않는 농산어촌의 노력에 착잡한 마음이 들기도 합니다.

3월 예술가들의
마음을
사로잡은
도시

경상남도

통영

통영은 예로부터 아름다운 바다로 유명했습니다. 그뿐 아니라 다채로운 매력이 있어 수많은 예술가의 사랑을 한몸에 받아 왔지요. 그 비결이 무엇이고 오늘날 통영의 모습은 또 어떤지 알아볼까요?

	인구	면적	키워드
통영시	118,250명	240km²	박경리, 윤이상, 예술, 이순신, 수공업, 오버투어리즘

예술가들이 사랑한 아름다운 도시

우리나라에서 가장 훌륭한 클래식 음악당이 있는 도시는 어디일까요? 당연히 서울이라고 생각하기 쉽습니다. 예술의전당이나 세종문화회관을 떠올리면서 말이죠. 그런데 우리나라에서 공연을 한 세계적 음악가들이 이구동성 최고라고 찬사를 아끼지 않는 음악당은 따로 있습니다. 서울에서 400킬로미터 이상 떨어진 곳, 바로 통영국제음악당이 있는 경상남도 통영시입니다. 한산도를 마주 보고 있는 미륵도 언덕에 세워진 이 음악당은 특히 연주자 대기실의 통유리 너머 아름다운 남해의 전경이 문자 그대로 황홀경을 선사한다고 하지요. 게다가 연주 홀 역시 최고의 음향을 자랑한다고 하니, 이런 환경에서 연주자가 어떤 음악을 들려줄 수 있을지 상상이 되시나요?

이런 훌륭한 시설을 그냥 둘 수는 없죠. 해마다 이곳에서 통영국제음악제와 윤이상국제음악콩쿠르가 열리고 있습니다. 통영국제음악제는 세계적으로도 지명도가 높은데, 음악제 기간 중에는 전 세계의 내로라하는 음악가들의 공연이 하루에 두세 차례씩 진행됩니다. 수도권으로부터 멀리 떨어진 땅끝에서 케이팝 콘서트도 아니고 클래식 음악회를 날마다 두 번씩 열면 과연 수지가 맞을까 싶지요. 하지만 그 기간 동안 아예 호텔을 잡고 음악을 즐기는 애호가들이 세계 각지로부터 모여들기 때문에 걱정은 하지 않아도 좋습니다. 이렇게 훌륭한 음악당과 음악제가 하필 통영을 배경으로 하는 건 어떤 이유에서일까요? 바로 이곳이 우리나라가 낳은 세계적 작곡가 윤이상의 고향이기 때문입니다.

윤이상은 서양의 음악 체계에 한민족 전통음악의 사상과 연주 기법을 접목하여 세계적인 찬사를 받은 작곡가입니다. 1917년 경상남도 산청군에서 태어났지만 학창 시절을 통영에서 보냈고, 스스로도 통영을 고향으로 생각한다고 밝혔습니다. 1957년부터 독일에서 작곡가로 활동했는데, 1967년 동베를린(동백림) 간첩단 사건에 연루되어 박정희 정권에 의해 가혹한 고문을 받고 징역 10년을 선고받는 수난을 겪었습니다. 다행히 간첩 누명을 벗고 독일 정부의 항의로 풀려났지만, 이후 독일에서 망명 생활을 하며 고향을 그리워하다 1995년 베를린에서 세상을 떠났습니다. 사망한 지 23년이 지난 2018년에야 유해나마 고향에 돌아와 안치

통영시 미륵도에 위치한 통영국제음악당

되었습니다. 바로 이 아름다운 통영국제음악당에 말이죠.

음악뿐 아닙니다. 통영은 문학, 미술 등 다양한 분야의 예술가들이 태어나고 터를 잡은 예술의 도시입니다. 우리나라를 대표하는 소설가로『김약국의 딸들』(1962),『토지』(1973) 등의 굵직한 작품을 남긴 박경리, 교과서에서 이름을 들어 보았을 시인 김춘수와 유치환, 극작가 유치진, 한국의 피카소라 불리는 화가 전혁림 등이 통영에서 나고 자랐거나 통영에서 활동한 예술가들입니다.

통영이 수많은 예술가의 마음을 사로잡은 데는 바다와 마을의 미관이 한몫했습니다. 한때 통영을 '한국의 나폴리'라고 부르던 시절도 있었습니다. 우리나라가 지금과 같은 경제성장을 이루기 전, 서양에 대한 막연한 동경이 있었던 시절에 누군가가 아름다운 해양 도시의 상징으로 이탈리아의 나폴리를 떠올렸던 모양입니다. 지금도 통영 시내의 오래된 점포 중에는 '나폴리'라는 상호를 쓰는 곳들이 종종 눈에 띕니다. 하지만 요즘은 그런 말을 잘 쓰지 않습니다. 나폴리라는 말로는 통영의 아름다움을 다 표현할 수 없으니까요. 단언컨대 통영만큼 아름다운 도시는 세계에서도 얼마 되지 않습니다. 통영을 여행하다 보면 이곳에서 훌륭한 예술가들이 많이 탄생한 이유를 바로 이해하게 됩니다. 도시 자체가 예술이니까요.

통영 앞바다는 아름답습니다. 우리나라는 삼면이 바다인 반도에 자리 잡아 아름다운 바닷가가 무척 많은 나라지만 그중 통영 앞바다는 특히 더 아름답습니다. 동해는 물이 맑지만 섬이 없어 수평선만 단순하게 펼쳐져 있고, 서해는 섬이 많아 볼거리가 많은 대신 물이 탁합니다. 하지만 통영 앞바다는 섬도 많고, 물도 맑습니다.

더구나 통영은 마치 섬처럼 느껴지지만 아슬아슬하게 육지와 연결된 반도 끝자락에 자리 잡은 도시입니다. 수많은 섬들 사이에 자리 잡은, 섬인 듯 섬 아닌 육지이죠. 아름다운 바다와 섬의 경관을 전망대처럼 바라볼 수 있는 곳입니다. 통영은 그래서 남해의 여러 섬들과 육지를 연결하는 허브이기도 합니다. 남해의 여러 섬들과 경상남도의 도읍이었던 진주를 연결해 주었고, 부산과 목포를 연결해 주었고, 섬진강 하구를 통해 남원, 구례, 하동 지역도 연결해 주었습니다. 여러 섬의 특산물이 이곳 통영을 통해 육지로 들어갔지요.

바다와 섬뿐 아니라 육지의 마을도 아름답습니다. 원도심이라 불리는 중앙동, 항남동 일대는 일제강점기부터 해방 이후까지 번화했던 옛 시가지의 도시 경관과 건축 유산이 많이 남아 있어 지역 전체가 문화재로 지정되었습니다. 그리고 이 모든 것들이 제각각 노는 것이 아니라 한데 어울려 더 아름답습니다. 오래된 집들이 파란 바다, 항구, 배들, 그리고 섬들이 그리는 선과 어우러진 풍경은 그야말로 한 폭의 그림입니다. 특히 벽화 마을로 유명한 동피랑마을에서 바다와 항구의 풍경을 바라보고 있으면 마치 먼 나라로 여행을 온 듯한 느낌마저 듭니다.

작은 어촌에서 군사도시로

아름다운 음악제, 멋진 풍경, 이름도 낭만적으로 들리는 통영은 원래 구룡포라는 자그마한 어촌이었습니다. 이 작은 어촌을 통영으로 바꾼 사람은 바로 충무공 이순신 장군입니다. 이순신 장군이 달 밝은 밤에 큰 칼을 차고 홀로 앉아 바라보던 바다가 바로 통영 앞바다인 거죠. 한번 같이 읽어 볼까요?

> 한산섬 달 밝은 밤에 수루에 혼자 앉아
>
> 큰 칼 옆에 차고 깊은 시름 하는 적에
>
> 어디서 한 가락 호가 소리는 나의 애를 끊나니.
>
> 「한산도가」, 이순신, 1595

충무공이 이 시조를 썼던 시기는 1595년, 그러니까 이미 임진왜란의 주요 대첩은 거의 다 끝나고 일본과 강화조약 체결을 두고 대치하던 시절입니다. 그래서 높은 누각에 올라가 울적한 마음을 달래고 있었던 것이죠. 그런데 어디서 북방 민족의 악기인 호가 소리가 들립니다. 조선군도 왜군도 아닌, 중국(명나라)군 누군가가 부는 소리일 것입니다. 왜적이 쳐들어왔는데 이를 스스로 몰아내지 못하고 중국의 힘을 빌려야 하는 상황이 너무나 분하고 답답한 장군의 마음이 드러난 시조입니다.

그런데 이 시조를 통해 우리는 그 시절 조선 수군뿐 아니라 명나라 군사까지 드나들며 통영이 제법 번잡했으리라 짐작할 수 있습니다. 작은 어촌에 해군본부가 들어온 셈입니다. 심지어 임진왜란 당시는 조선군의 3분의 2가 수군이었으니 조선 군사력의 대부분이 이 작은 항구에 모여든 것이죠. 그야말로 상전벽해가 따로 없었을 것입니다. 군인들만 왔을까요? 이순신 장군이 있는 곳이라면 안전하리라 믿은 백성들도 수없이 몰려들었을 것입니다. 이렇게 작은 어촌 구룡포가 큰 도시가 되었습니다. 그리고 수군통제영이 있다 해서 통영이라 불리게 된 것이지요.

이처럼 충무공 이순신 장군이 아니었으면 이곳은 큰 도시가 되지 못했을 것입니다. 그러니 이순신 장군이 통영의 설립자나 다름없습니다. 실제로 한때 통영시는 충무시라 불리기도 했습니다. 지금은 다시 통영시가 되었지만, 충무시로 불리던 당시 전국적으로 유명해진 이 지역의 김밥이 바로 충무김밥입니다.

그럼 이순신 장군은 왜 하필 이곳을 본거지로 삼았을까요? 지도를 한번 봅시다. 임진왜란 당시 일본군의 거점은 부산포였습니다. 조선 수군의 거점은 전라좌수영이 있는 여수였죠. 통영 앞바다가 두 거점의 딱 중간에 자리 잡고 있는 것을 바로 확인할 수 있습니다. 아까 통영이 남해 바다 여러 섬들의 허브라고 했죠? 이 말은 평화 시에는 교통의 요지, 전쟁 시에는 전략적 요충지라는 뜻입니다. 통영 앞바다를 잡는 쪽이 남해 바다의 통제권을 차지하는 것이죠. 만약 조선이 통영조차 일본에 넘겨준다면 이순신 장군의 본거지인 여수가 바로 위험에 처하고, 호남 지역을 상실하여 조선의 마지막 희망이 무너집니다. 반대로 일본이 통영을 차지하지 못하면 한반도 안쪽까지 식량과 물자를 보급할 수 없기

임진왜란 당시 남해안 일대에서 벌어진 주요 해전

때문에 결국 전쟁에 패하게 되지요.

　한산대첩이 바로 그 분수령이 된 전투입니다. 여기서 이순신 장군이 조선 수군을 승리로 이끎으로써 임진왜란은 일본의 패배로 확정된 것이나 다름없습니다. 이후 전쟁을 몇 년 더 끈 것은 당시 일본의 수장이었던 도요토미 히데요시가 이길 가망도 없는 전쟁에 고집을 부리며 병력을 갈아 넣은 것에 불과합니다. 한산대첩의 현장을 마음의 눈과 상상력으로 재현하고 싶다면 앞에서 소개한 통영국제음악당에 가면 됩니다. 거기서 건너다보이는 섬이 바로 한산도이고, 그 앞에 펼쳐진 바다가 바로 한산대첩의 무대입니다. 역사적인 의미가 큰 바다가 아름답기는 또 왜 이리 아름다운지, 그저 감동입니다.

이순신 장군은 한산대첩에서 승리한 후 여수에 있던 병력을 옮겨 와 통제영을 설치하고 일본이 남해로 진출하는 길목을 마치 욕조 마개처럼 틀어막았습니다. 당시 조선 수군의 병력만 1만 명이 넘었으니, 수만 명이 갑자기 작은 어촌으로 옮겨 온 것입니다. 그렇게 단숨에 손꼽히는 큰 고을이 만들어졌습니다. 한양의 인구가 10만 명 겨우 넘던 시절입니다. 인구 3만 이상이면 광역시급이라고 할 수 있겠죠.

하지만 이순신 장군은 이곳이 큰 도시로 성장하는 모습을 보지 못했습니다. 주둔하고 얼마 지나지 않아 삼도수군통제사 직위에서 해임되었기 때문입니다. 게다가 그 후임인 원균은 거제도 인근 칠천량에서 참패하여 조선 수군이 사실상 궤멸되고 말았습니다. 조선 수군이 무너진 자리에 일본군이 들어온 것은 당연한 결과죠. "신에게는 아직 열세 척의 배가 있습니다."라는 말과 함께 돌아온 이순신 장군이 싸운 곳은 통영에서 한참 뒤로 밀린 진도 앞바다 명량이었습니다.

이순신 장군은 명량에서 승리하여 일본군을 다시 밀어붙이는 데 성공하긴 했지만, 통영까지 돌아오지는 못한 채 남해도 앞바다에서 그만 전사하고 말았습니다. 만약 그가 노량해전에서 전사하지 않았다면 당당하게 다시 통영에 돌아왔을 것입니다. 대신 그의 든든한 부하 장수였던 류형, 이운룡 장군이 후임자로서 통영에 돌아와 이순신 장군의 넋을 기렸습니다.

1603년, 임진왜란으로 고생한 조선 조정은 소 잃고 외양간 고치는 격으로 이곳에 대규모의 수군통제영을 설치하고 임시직이었던 삼도수군통제사를 상설직으로 바꾸었습니다. 노량해전에서 "내 죽음을 알리지 말라."는 말을 직접 들은 장본인인 류형 장군, 그리고 이순신 장군이 가장 신뢰했던 부하 이운룡 장군이 연이어 삼도수군통제사가 되어 이곳에 부임했고, 그들의 의지에 따라 이곳은 이순신 장군 성지가 되었습니다. 그리고 이때부터 고을의 이름이 통영으로 확정되었습니다.

특산물과 공예로 번영한 도시

역사는 때때로 짓궂게 사람을 놀립니다. 통영의 경우가 딱 그렇습니다. 일본의 침략으로 엄청난 피해를 입은 조선이 다시는 그런 일을 당하지 않겠다며 대대적으로 세운 해군 도시가 바로 통영이었죠. 그런데 막상 그 무렵 일본은 역사상 가장 평화로운 시대인 에도시대로 들어섰습니다. 에도시대는 싸울 거리가 없어진 사무라이들이 검술보다는 연극, 서예, 다도, 분재 같은 데 더 몰두했던 시대입니다. 심지어 당시 일본을 통치했던 도쿠가와 막부는 임진왜란 때 조선을 그토록 괴롭혔던 조총을 모두 폐기 처분 할 정도였습니다. 침략은커녕 오히려 국경을 닫아걸고 쇄국정책을 실시했지요.

막상 침략자는 튼튼하게 방비하고 있던 남쪽이 아니라 북쪽에서 왔습니다. 만주족이 쳐들어온 정묘호란, 병자호란 말이죠. 여진족과 싸우느라 군사가 북쪽으로 몰려가 있을 때에는 남쪽에서 일본이 쳐들어오더니, 이제 남쪽을 튼튼히 지키니 북쪽에서 여진족이 쳐들어온 것입니다. 어쩌면 역사가 장난을 쳤다기보다 조선 조정이 국제 정세에 어두웠던 것일 수도 있겠습니다. 어쨌든 일본이 쳐들어오지 않으니 수군통제영이 할 일이 없었습니다. 그래서 18세기 중반 이후 통제영이 담당한 가장 중요한 업무는 뜻밖에도 바다를 지키는 것이 아니라 상공업을 관리하고 운영하는 일이 되었습니다.

사실 삼도수군통제영 자체가 남해안 최대 수공업자이기도 했습니다. 그럼 수군통제사는 군인이 아니라 CEO라고 해야 할까요? 그런데 놀랍게도 그 수공업의 창업자 역시 충무공입니다. 충무공은 전쟁 때는 언제 어떤 물건이 필요할지 모르며, 이를 정부의 보급에만 의존할 수 없다고 생각하여 통제영에 각종 공방을 두어 웬만한 물건들은 직접 만들어 쓰는 체제를 갖추었습니다. 긴박한 전시 상황에서 보급선이 끊어질 수도 있고, 군수공장이 점령될 수도 있으니까요.

이 공방의 생산 범위는 전투와 항해에 필요한 군수물자뿐 아니라 군인과 그 가족의 생활용품까지 망라하고 있었습니다. 중앙 정부의 지원 없이도 군인은 물론 군인 가족까지 자급자족이 가능한 군대가 된 것이죠. 한창때는 통제영에서 분야별로 열두 개나 되는 공방을 운영했습니다. 부채, 갓, 탕건, 칠기, 장롱, 활집, 자개, 신발, 안장, 금은 세공 등 당시 수공업의 거의 모든 분야를 취급했습니다. 마치 오늘날 여러 계열사를 둔 대기업 같지요.

그런데 평화가 계속되자 군에서 필요로 하는 물품이 점점 줄어들어 공방의 생산품이 남아돌기 시작했습니다. 이걸 버릴 수도 없고 하니 일반인에게 판매했는데, 그 수입이 꽤 컸기 때문에 주객이 바뀌어 버리고 말았습니다. 통제영의 주업이 바다를 지키는 것이 아니라 수공업 제품을 생산하여 판매하는 것이 되어 버린 것이죠. 그리하여 통영은 수군통제영과 거래하는 상인, 여기서 파생된 다른 수공업자, 또 그들과 거래하는 상인 등이 모여들어 우리나라에서 손꼽히는 상공업 중심지가 되었습니다.

통영 공예품은 조선 최고의 품질을 자랑했습니다. 조선의 성인 남성 누구나 쓰는 갓은 통영 갓이 최고였습니다. 집집마다 반드시 들여야 하는 장롱 역시 통영 장롱이 최고였습니다. 심지어 밥상도 통영 상, 쟁반도 통영 쟁반이 최고였죠. 생필품뿐 아니라 화려한 사치품도 생산했습니다. 장롱, 밥상, 소반 등에 옻칠을 하고 화려한 자개로 장식한 아름다운 나전칠기가 그 주인공입니다. 통영에서 생산된 공예품들은 잔잔한 바닷길을 따라 낙동강 하구, 섬진강 하구로 들어가 육지 깊숙한 곳까지 비싼 값에 팔려 나갔습니다.

옻칠과 자개 장식으로 제작되는 통영의 대표적 공예품, 나전칠기

그런데 이렇게 번영하던 통영은 1895년에 큰 위기를 맞이했습니다. 갑오개혁과 함께 군대가 신식으로 개편되면서 수군통제영이 폐지되어 버린 것입니다. 도시 이름이 통영인데 통제영이 없다니요? 요즘으로 치면 자동차 공장이 떠난 울산, 삼성전자가 떠나간 평택, 정부 청사가 없는 세종 등이 되겠습니다. 하지만 통영의 경제는 수산업을 중심으로 다시 일어설 수 있었습니다. 통영 앞바다는 대륙붕이 발달하여 얕고 잔잔하면서도 물이 맑아, 고등어와 멸치 등 어족이 풍부하고 무엇보다 굴과 전복 등 양식

에도 최고였던 덕분입니다.

일제강점기에는 한반도에 일본인들이 많이 들어와 살았습니다. 일본인은 해산물을 주식으로 삼았기 때문에 해산물 수요가 크게 늘었고 수산업이 활발히 이루어졌죠. 통영 앞바다는 일본인의 왕래가 특히 많았던 부산과 가까워 이러한 수요를 충당하는 수산업 기지가 되었습니다.

물론 이걸 그냥 두고 볼 일제가 아니었습니다. 농토를 수탈한 것과 마찬가지로 좋은 양식장, 좋은 어장은 죄다 일본인이 차지했습니다. 풍부한 수산자원을 노리고 어업으로 한몫 잡으려는 일본인들이 많이 몰려와 통영에 정착촌을 세우고 살았지요. 일본 정부 차원에서도 통영의 수산업을 장악하는 데 적극적으로 나섰습니다. 당시 일본이 지배 중이었던 북쪽 만주 땅으로 자국민들을 이주시키기 위해서는 그들의 입맛을 만족시킬 수산물이 많이 필요했기 때문입니다.

조선 어민들도 호락호락하게 우리 바다를 내주지는 않았습니다. 식민지 당국의 노골적인 편들기에도 불구하고 조선 어민들은 서로 돕고 뭉쳐 결사적으로 어장을 지키려 했지요. 그러나 역부족이었습니다. 앞에서도 다룬 박경리의 소설 『김약국의 딸들』이 그 치열한 싸움의 과정에서 무너져 가는 조선 어민의 비극을 잘 보여 줍니다.

관광을 넘어 삶으로

해방 이후에도 통영은 수산업의 거점으로 계속 번영했습니다. 특히 고등어, 멸치, 가리비가 중요한 수출 상품이었고, 굴, 전복, 멍게 양식업은 전국 최대 규모를 자랑했습니다. 1950년대만 해도 통영은 관광이 아니라 오직 수산업의 힘으로 읍에서 시로 승격할 수 있었습니다. 1955년 통영읍이 충무시로 승격되고 나머지 부분이 통영군으로 남았다가, 1995년 충무시와 통영군이 다시 합쳐지면서 통영시가 되었습니다.

하지만 1990년대 들어 통영의 수산업도 내리막길을 걷기 시작했습니다. 어획량을 지나치게 늘리다 보니 인근 바다의 어족이 고갈되기 시작했고, 값싼 수입 수산물이 유입되면서 가격 경쟁력도 떨어지게 된 것입니다. 수산업이 내리막길을 걷다 보니 여기 의존하고 있던 통영의 경제도 함께 내리막길을 걸었습니다.

이때부터 통영은 관광산업에서 새로운 활로를 찾았습니다. 관광도시가 되기에 전혀 손색없는 곳이니 말이죠. 도시 자체가 워낙 아름다운 곳에 자리 잡고 있을 뿐 아니라 이순신 장군과 얽힌 이야기, 유명한 예술가들의 작품과 흔적, 그리고 풍부한 해산물 등의 먹거리가 어우러져 관광자원이 풍부하기 때문입니다. 실제로 1990년대에서 2000년대 사이 통영은 제주, 강릉, 경주, 여수와 더불어 우리나라에서 손꼽히는 관광도시가 되었습니다. 연간 관광객 수가 많을 때는 750만 명도 넘었죠. 통영의 인구가 11만 명 정도인 것을 감안하면 어마어마한 숫자입니다.

하지만 그 부작용도 만만치 않습니다. 도시가 감당할 수 없는 규모의 관광객이 몰려와 주민들의 생활까지 불편해지는, 이른바 '오버투어리즘' 현상이 나타난 것입니다. 특히 관광객이 몰리는 7~8월 여름 휴가철, 그리고 주말에는 도시 전체가 거의 마비 상태에 빠질 정도로 혼잡해지는데, 이렇게 되면 주민들의 생활도 함께 마비됩니다.

가장 심각한 문제는 도시의 경제가 주민들이 아니라 관광객 위주로 재편되면서 정작 주민들의 생활에 필요한 가게나 시설들이 사라지는 '젠트리피케이션' 현상이 점점 심해진다는 것입니다. 예를 들면 세탁소가 있던 자리에 카페가, 정육점이 있던 자리에 레스토랑이 들어서는 식으로 말이죠. 업주를 나무랄 수도 없습니다. 11만 주민을 상대로 하는 가게 대신 700만 관광객을 상대로 하는 가게가 훨씬 더 많은 수익을 낼 텐데 어떻게 말리겠습니까? 하지만 이렇게 되면 물가도 오르고 임대료도 오릅니다. 결국 사는 것이 불편해진 주민들이 동네를 떠나고, 그럼 그 떠난 자리는 다시 관광객을 상대로 하는 가게로 채워지는 악순환이 이어집니다.

어쩌다 이런 지경에 이르게 되었을까요? 1990년대만 해도 관광산업은 몇몇 유명한 관광지와 거대한 시설을 중심으로 관광객을 끌어모으는 방식이었기 때문입니다. 통영을 찾는 관광객들은

통영의 대표적 관광 포인트 중 하나인 스카이라인루지

통제영, 동피랑마을, 한산도, 욕지도, 미륵산 케이블카, 루지 등 몇 몇 유명한 관광 포인트와 시설을 점 찍듯이 찾습니다. 이러한 유명 관광지와 시설 위주의 관광은 몇몇 장소에 사람과 차량을 집중시켜 교통을 마비시킵니다. 더 큰 문제는 그 과정에서 인파에 질린 관광객들의 재방문 의지도 떨어진다는 것입니다. 그야말로 한 번 가고 마는 곳이 되는 것이죠. 더구나 관광객들이 쓰는 돈이 도시 전체에 스며들지 않고 유명 관광지에서 영업하는 일부 업체에만 집중됩니다.

이는 우리나라가 인구가 계속 늘어나는 산업국가이던 시절에 어울렸던 관광산업 모델입니다. 하지만 2010년대 이후 추세가 바뀌었습니다. 베이비붐 세대에서 X세대, 밀레니얼 세대와 Z세대로 여행 주도층이 바뀌면서 선호하는 여행 방식도 달라진 것입니다. 한국관광공사에서 2023년 발표한 보고서에 따르면 각 세대별로 선호하는 여행이 다음과 같이 서로 다릅니다.

산업화 세대(67~78세):
환경과 사회에 대한 기여를 중시하고 소박한 여행 추구

베이비부머(57~66세):
취미, 여가, 여행을 적극적으로 즐기는 활동적인 세대

X세대(42-56세):
안정적이고 편안한 여행을 추구

올드 밀레니얼(33~41세):
여행에서도 취향/교양 함양과 자기계발을 추구

영 밀레니얼(27~32세):
여행지를 보다 깊게 경험할 수 있는 장기 여행을 선호

Z세대(15~26세) :
타인에게 보여주고 싶을 만한 색다른 여행을 추구

「데이터앤투어리즘 vol.16 - 빅데이터를 활용한 2023년 국내 관광 트렌드」, 한국관광공사, 2023

세대마다 이렇게 다른 여행 성향을 모두 만족시키기는 어렵습니다. 특정 세대나 집단에 초점을 맞추지 않으면 자칫 모두에게 외면받을 수도 있지요. 다만 그 어느 세대도 대규모 인원이 몇몇 유명한 장소만을 점 찍듯이 찾아 구경하는 방식의 관광은 원하지 않음을 확인할 수 있습니다.

또 1990년대 이후 자동차가 빠르게 보급되고 최근에는 코로나19의 영향까지 더해져 이미 전체 국내 여행객의 80퍼센트 이상이 자가용으로 여행하는 상황이라, 단체 관광보다는 1~2인 혹은 가족 단위 여행이 대세입니다. 세대별로 보자면 단기 여행을 선호하는 50대 이상에게는 수도권에서 멀리 떨어진 통영이 다소 부담스럽고, 장기 체류를 선호하는 30대 전후는 유명 관광지 여행보다 한 지역에 스며들어 살아 보는 경험을 선호합니다. 실제로 통영의 관광객 수는 이런 추세가 자리 잡은 2018년 이후 빠르게 줄어들었습니다.

그런데 알고 보면 통영은 오늘날의 여행 추세에 어울리는 곳입니다. 통영을 거점으로 날마다 이 섬, 저 섬 찾아다니기만 해도 일주일은 금방 갑니다. X세대의 여행 스타일에 잘 들어맞지요. 또 통영은 일제강점기 때 많은 일본인들이 살았던 곳이라 시간이 정지된 것 같은 근현대 건축물도 많이 남아 있습니다. 예술가들이 사랑했던 마을, 골목, 그리고 아름다운 다도해의 풍경들도 그대로죠. 색다른 장소의 사진을 찍고 싶은 Z세대에게도 호소력이 있습

니다. 충무공 이순신 장군을 테마로 답사 여행을 할 수도 있고, 통영 출신 예술가들의 흔적을 따라 문화 예술 기행을 할 수도 있다는 점은 밀레니얼 세대의 여행 스타일에 어울립니다. 이렇게 다양한 여행 스타일을 고루 만족시킬 수 있는 곳은 우리나라에 흔하지 않습니다.

현재 통영은 잠깐의 관광이 아니라 '워케이션'에서 도시 활성화의 돌파구를 찾고 있습니다. 워케이션은 일이란 뜻의 영어 work와 휴식이란 뜻의 영어 vacation의 합성어로, 일과 휴식을 동시에 즐기는 것을 말하죠. 통영시와 통영한산대첩문화재단은 워케이션 참가자를 모집해 일하는 장소에 얽매이지 않는 프리랜서나 작가들을 적극적으로 불러들이고 있습니다. 일을 마친 후 남해의 여러 섬을 드나들며 구경하거나, 근현대 건축물을 탐구하고, 바다가 보이는 골목골목을 탐사하는 등 통영은 오래 보아야 더 좋은 도시이기에 워케이션에 안성맞춤이지요.

통영은 오래전부터 예술가들이 사랑해 마지않는 곳이었으니, 예술가를 꿈꾸는 청년들에게도 영감을 줄 도시가 될 것입니다. 제주도나 강원도 양양에 여행으로 드나들다 결국 자리를 잡은 젊은이도 많다는데, 통영도 그렇게 젊은이들의 새로운 둥지가 될 수 있습니다. 바닷가 굽이굽이 새겨진 이야기들과 아름다운 항구 도시의 풍경이 열린 마음으로 모두를 부르고 있으니까요.

이중환의 '최애 픽'

경상남도
진주

기왕 통영까지 왔는데 그냥 돌아가기 아까운 곳이 있다면 어디일까요? 바로 경상남도 진주시입니다. 진주시는 통영에서 서울 방향으로 나가려면 반드시 지나가야 하는 길목에 있는 도시입니다.

이중환이 부러워한 도시

진주시를 관통하는 남강은 낙동강의 지류이지만 이름에서 보듯 웬만한 강만큼 수량이 풍부해 농사뿐 아니라 교통로로도 아주 요긴했습니다. 진주에서 뱃길을 따라 내려가면 낙동강 본류와 만나게 되고, 이를 통해 북쪽으로는 대구로 남쪽으로는 부산으로 쉽게 연결되었습니다.

진주는 부산에서 전라도 쪽으로 가는 길목이기도 합니다. 북쪽에는 백두대간, 남쪽에는 낙남정맥이라는 산맥이 지나가고 있어서 진주를 거치지 않고는 부산에서 전라도로 들어가기 어렵지요. 지금도 진주는 한반도의 대칭축처럼 남북으로 종단하는 통영대전고속도로와 동서로 횡단하는 남해고속도로가 십자가 모양으로 교차하는 곳입니다. 더구나 항구도시가 아님에도 불구하고 30킬로미터만 평평한 길을 따라가면 사천만을 통해 남해 바다와 연결됩니다.

지금까지 소개한 내용을 종합하면 진주시는 한마디로 아주 살기 좋은 고장으로 느껴집니다. 그렇다면 선비가 살기에 좋은

진주를 관통하는 낙동강의 지류, 남강

고장을 찾던 이중환도 이곳을 눈여겨보지 않았을까요? 실제로 『택리지』를 보면 이중환이 진주를 칭찬하다 못해 이곳 사람들을 부러워한다는 느낌까지 받을 수 있습니다.

> 진주는 지리산 동쪽에 있는 큰 도읍이며, 높은 문·무관이 많이 나왔다. 토지가 비옥할 뿐만 아니라 강산의 경치도 또한 좋아 사대부들은 부호를 자랑하고 주택과 정자를 꾸미기를 즐겨하여, 비록 벼슬을 하지 않아도 유한공자(걱정 없이 한가롭게 노는 사람)라는 이름이 있다.
>
> 『택리지』, 「팔도총론」

> 우리나라에서 가장 비옥한 땅은 오직 전라도의 남원과 구례, 경상도의 성주와 진주이다. 이 지역에는 벼 한 말을 심으면 140두를 추수할 수 있는데, 다른 지역은 그렇지 못하다.
>
> 『택리지』, 「복거총론」

이쯤 되면 이중환이 어째서 진주에 거처를 마련하지 않았는지 신기합니다. 이렇게나 좋은 고을인데 말이죠. 아마도 집값이 너무도 비쌌기 때문이 아니었을까요? 실제로 그렇게 추측할 만한 근거가 있습니다. 박경리의 대하소설 『토지』의 주인공 서희와 길상은 하동군 평사리 출신입니다. 그런데 이들은 만주에서 고생 끝에 큰돈을 마련한 뒤 고향 하동이 아니라 진주에 번듯한 집을 마련하고 삽니다. 다른 인물들도 돈 좀 벌어 온 경우 어김없이 진주에 자리를 잡습니다. 그만큼 진주는 산업화 이전까지 경상도 지역의 대표적인 부촌이었습니다.

이렇게 좋은 땅이니 당연히 도시로서의 역사도 엄청나게 깁니다. 2,000년 전 가야연맹의 한 국가였던 고령가야의 중심지로 추정되고 있으며, 가야가 신라에 합병된 이후에는 오늘날 경상남도 지방을 관할하는 중심지가 되었습니다. 통일신라 당시에는 강주康州로 불리며 무려 11개 군 27개 현을 관할하는 행정 중심지가 되기도 했습니다. 이후 진주는 1,000년 넘도록 경주, 상주와 함께 경상도 3대 도시 역할을 했고, 1925년까지는 경상남도 도청 소재지이기도 했습니다.

이렇게 번창하는 도시다 보니 한편으로 진주는 강계, 평양과 더불어 '조선 3대 기생 도시'라는 이름을 얻기도 했습니다. 미인이 많이 배출된다는 뜻과 유흥 문화가 발달했다는 뜻이 담긴 별칭입니다. 긍정적이지만은 않은 이름이지만, 그만큼 진주가 풍요로운 도시였다는 의미로 받아들이면 될 것 같습니다.

충절의 고장

하지만 진주의 진짜 별칭이 있습니다. 바로 '충절의 고장'이죠. 충절의 고장이라는 별칭으로 자신들을 홍보하는 지역이 진주만 있는 것은 아니지만, 그 무게감이 진주시만 한 곳은 없습니다. 충절의 지사 여러 명을 배출한 도시는 몇몇 있어도, 지역 전체가 똘똘 뭉쳐 나라를 지킨 도시로서 진주만 한 곳은 없기 때문이지요.

임진왜란 때 가장 큰 전투가 모두 진주에서 일어났습니다. 1592년의 제1차 진주성 전투, 그리고 1593년의 제2차 진주성 전

철통같은 방어력으로 여러 차례 조선을 지켜 낸 진주성

투입니다. 진주에서 이토록 큰 전투가 일어난 까닭은 이곳이 전략적으로 매우 중요한 곳이기 때문입니다. 조선 역시 일본의 침략을 예상하고 요충지인 진주에 강력한 요새를 축조했는데, 그것이 바로 진주성입니다. 진주성은 우리나라의 요새 대부분이 산성인 것과 달리, 유사시 군대는 물론 관청과 백성들까지 모두 들어와 농성할 수 있게 만들어진 읍성입니다. 즉 도시 자체를 하나의 요새로 만들어 버린 것입니다.

　이렇게 작정하고 만든 요새 도시라 진주성의 방어력은 엄청났습니다. 남쪽의 남강과 북쪽의 연못을 해자로 삼고 내성과 외성, 이중으로 성벽을 쌓았습니다. 오늘날 남아 있는 진주성을 보면 여기가 그렇게 강력한 요새였나 싶지만, 이는 원래 진주성의 절반만 남아 있기 때문입니다. 방어력의 핵심인 해자와 외성이 도시 개발 과정에서 사라졌죠.

　진주성에서 벌어진 두 차례의 큰 전투 중 제1차 진주성 전투가 바로 진주대첩입니다. 한산대첩, 행주대첩과 더불어 임진왜란 3대 대첩 중 하나로 불리는 진주대첩은 임진왜란의 전세를 완전히 바꾸어 놓은 중요한 전투입니다. 당시 일본은 한산대첩에서 수군이 참패하면서 바다를 통한 보급이 막힌 상태였고, 육로를 통한 보급도 곽재우 등의 의병에게 계속 차단당하며 어려움을 겪고 있었습니다. 그래서 진주를 노렸습니다. 진주를 확보한다면 일본은 '일석삼조'의 효과를 기대할 수 있었습니다. 첫째로 곡창지대인 호남 지역으로 들어가는 통로를 얻고, 둘째로 곽재우 등 경상우도 의병들의 근거지를 공략하고, 셋째로 곧장 통영으로 내려가 이순신 함대가 배를 댈 곳을 없앨 수 있었죠.

　그리하여 3만 명의 정예부대가 1592년 10월 6일, 진주성을 공격했습니다. 당시 진주성을 지키던 병력은 진주 목사 김시민 휘하의 관군, 의병장 곽재우와 최경회 휘하의 의병까지 모두 합해 3,800명에 불과했죠. 하지만 조선군은 열 배나 되는 일본군과 맞붙어 1만 명 이상을 살상하는 대승을 거두었습니다. 이로써 전라도가 안전해졌습니다. 덕분에 이순신 장군은 근거지인 전라도를 떠나 일본군 근거지 부산포의 코앞인 통영에 모든 병력을 배치할 수 있었고, 권율 장군도 한양을 수복하기 위해 근거지인 전라도를 떠나 북쪽으로 진군할 수 있었습니다. 제1차 진주성 전투의 승리가 임진왜란의 결정적인 분수령이 된 것입니다. 다만 안타깝게도 이 승리를 이끈 진주 목사 김시민 장군은 전투에서 입은 부상이 악화되어 얼마 뒤 세상을 떠나고 맙니다. 공교롭게도 김시민 장군의 시호도 충무공입니다.

제2차 진주성 전투는 행주대첩의 패배로 한양을 포기한 일본군이 퇴각하기 전, 제1차 진주성 전투에서의 패배를 되갚고자 감행한 전투입니다. 당시 일본은 김시민 장군이 이미 전사했다는 것을 모르고 있었기 때문에, '퇴각하기 전 김시민만큼은 반드시 잡는다'는 각오로 달려들었습니다. 그래서 조선에 침공한 전체 병력 10만 명으로 진주성을 공격했습니다. 이런 대규모 공격은 임진왜란을 통틀어 제2차 진주성 전투가 유일합니다.

당시 진주성에는 군인 4,000여 명과 민간인 2만여 명 등 3만 명 정도가 농성하고 있었습니다. 이렇게 엄청난 병력 차이에도 불구하고 진주성의 군인과 백성은 하나가 되어 끝까지 항전했죠. 하지만 중과부적으로 진주성은 함락되었고, 성을 지키던 군인은 물론 민간인까지 수만 명이 순국했습니다.

일본군은 제1차 진주성 전투의 참패를 설욕한 기념으로 촉석루에서 승전 축하 잔치를 열었는데, 여기서 한 기생이 일본 장수를 끌어안고 남강에 몸을 던져 순국하였다는 이야기가 전해집니다. 이 기생의 이름은 논개로 알려졌는데, 이후 '충절의 꽃'으로 불리며 진주의 상징이 되었습니다. 논개를 다룬 문학작품들 중 가장 널리 알려진 변영로의 시를 같이 읽어 봅시다.

거룩한 분노는 / 종교보다도 깊고
불붙는 정열은 / 사랑보다도 강하다.
아, 강낭콩 꽃보다도 더 푸른 / 그 물결 위에
양귀비꽃보다도 더 붉은 / 그 마음 흘러라.

아리땁던 그 아미^{娥眉} / 높게 흔들리우며

그 석류 속 같은 입술 / 죽음을 입 맞추었네.

아, 강낭콩 꽃보다도 더 푸른 / 그 물결 위에

양귀비꽃보다도 더 붉은 / 그 마음 흘러라.

흐르는 강물은 / 길이길이 푸르리니

그대의 꽃다운 혼 / 어이 아니 붉으랴.

아, 강낭콩 꽃보다도 더 푸른 / 그 물결 위에

양귀비꽃보다도 더 붉은 / 그 마음 흘러라.

「논개」, 변영로, 1922

논개의 출신에 대해서는 두 가지 설이 있습니다. 하나는 오랫
동안 전해 내려왔던 기생설, 다른 하나는 제2차 진주성 전투에서
전사한 경상 우병사 최경회의 첩이라는 양첩설입니다. 남편이 전
사하자 그 원수를 갚기 위해 스스로 기생 명부에 이름을 올리고
일본군 잔치에 들어갔다는 설이죠.

그런데 진실은, 논개라는 여성의 실존 자체도 불분명하다는
것입니다. 진주에서 잔치 중에 기생이 왜장을 끌어안고 강물에
몸을 던졌다는 기록은 우리 쪽에도 일본 쪽에도 공식적으로는 존
재하지 않습니다. 다만 조선의 문신 유몽인이 쓴 야담집 『어우야
담』(1621)에 기생 논개 이야기가 나옵니다. 또 논개가 최경회 장
군의 첩이라는 이야기는 최경회 장군이 성이 함락된 후 남강에
몸을 던져 죽었다는 사실이 왜곡되어 전해진 것으로 보입니다.

논개가 왜장과 몸을 던진 곳으로 알려진 진주성 촉석루

2007년 김별아의 소설 『논개』에서는 아예 논개가 왜장과 함께 몸을 던진 동기를 충절보다는 남편에 대한 사랑으로 묘사하기도 했습니다.

결론적으로 논개라는 인물의 실존 여부는 명확히 밝혀지지 않았습니다. 기생이 왜장을 안고 투신했다는 것 역시 확인되지 않은 사실입니다. 마치 홍길동이나 춘향이 어느새 실존 인물처럼 느껴지는 것과 비슷한 현상이라 할 수 있겠지요.

교육의 도시, 청춘의 도시

충절의 도시와 더불어 진주라고 하면 떠오르는 또 다른 별칭이 있습니다. 바로 '교육의 도시'입니다. 이런 별칭이 붙은 까닭은 진주에 유난히 학교가 많기 때문입니다. 우선 종합대학만 두 개나 자리 잡고 있습니다. 경상남도를 대표하는 국립대학인 경상대학교와 진주교육대학이죠. 고등학교도 많습니다. 고등학교 평준화가 실시되기 전에는 사천, 함양, 거창, 남해, 고성, 산청, 밀양 등 여러 다른 시군의 학생들이 진주 소재 고등학교로 유학을 왔다고 합니다.

진주시는 인구가 많을 때는 35만 명 정도였는데, 그중 11만 명이 학생이었다고 합니다. 거리가 온통 청춘의 물결이었겠지요. 여기에 교직원과 학생들을 상대로 각종 서비스를 제공하는 자영업자와 그 가족까지 보탠다면 진주 인구의 절반이 교육과 관련된 사람들일 정도였습니다. 그래서 방학만 되면 도시 경제에 갑자기 활기가 뚝 끊기는 현상까지 나타났다고 합니다.

지금은 저출생·고령화 여파로 학생 수가 많이 줄었지만, 그래도 대학생만 3만 5,000여 명이 살고 있습니다. 진주시의 총 인구가 약 34만 명이니 열 사람 중 하나가 대학생인 셈입니다. 이렇게 학생이 많이 살다 보니, 고령화가 심각한 주변의 다른 시나 군에 살고 있는 젊은이들도 여가 시간에는 진주로 모여듭니다. 젊은이들이 많은 곳에 가야 놀고 즐길 거리가 있을 테니 말이죠.

그래서인지 진주는 우리나라 전체를 덮치고 있는 저출생·고령화, 그리고 지방 소멸 위기가 두드러지는 편은 아닙니다. 학교가 많은 도시라는 특성상 늘 일정한 수의 청년 인구가 유입되기 때문이죠. 하지만 이들이 학교만 다니고 다시 떠나 버릴뿐더러, 학생 수 자체도 점점 줄어들고 있기 때문에 지금보다 앞으로가 문제입니다. 지역에서 공부한 청년들을 계속 붙잡아 둘 일자리가

2021년 진주시의 관광캐릭터가 된 하모

부족한 것입니다.

『택리지』에서 그토록 살기 좋고 부유하다고 칭찬받았던 도시지만, 바로 그 점이 발목을 잡았습니다. 이중환의 시대에 진주가 부유했던 까닭은 농업경제의 중심지였기 때문이지요. 하지만 우리나라 경제가 농업경제에서 수출 위주 산업경제로 바뀌면서 사정이 달라졌습니다. 주요 산업 시설이 미국, 일본과의 무역에 유리한 부산, 울산, 김해, 창원 등 경상남도 동부에 집중되면서 밀양, 거창, 함양, 산청, 사천, 진주 등 경상남도 서부 지역은 상대적으로 발전에서 소외되었던 것입니다. 『택리지』에서는 경상 우도(경상도 서부 내륙 지방)가 부유하고 좌도(경상도 동부 해안 지방)가 척박하다고 했지만 오늘날에는 완전히 반대가 되었습니다.

그런데 안동의 경우와 마찬가지로 진주 역시 최근 들어 전통적인 가치를 내세우기보다 이른바 '핫플레이스'로 자기 고장을 알리고자 하는 경향이 강합니다. 그래서인지 2007년 도시 브랜드를 '충절의 고장' 대신 '참 진주'로 바꾸었습니다. 이 문구에는 두 가지 의미가 겹쳐 있는데, 하나는 '진'이라는 글자가 진실, 진리에서와 같이 '참'이라는 뜻을 담고 있다는 것, 다른 하나는 영어 단어 'charm'의 뜻과 같이 자연환경, 문화, 역사 등 진주가 다양한 '매력'을 품고 있다는 것입니다.

여기에 박자를 맞추듯, 진주시를 상징하는 캐릭터도 충절의 아이콘이었던 논개에서 귀여운 수달 '하모'로 바뀌어 가고 있습니다. 시민 공모로 선정한 이 관광 캐릭터는 기성 전문가가 아니라 두 학생이 진주 근교의 진양호와 남강 일대에 수달 서식지가 있다는 데서 아이디어를 얻어 '진주' 목걸이를 걸고 있는 수달 캐릭터로 형상화했다고 합니다. 그런데 이 캐릭터의 인기가 대단해서 각종 굿즈(기념상품)로 만들어져 전국에 팔리고, 하모 이모티콘도 SNS를 통해 큰 인기를 끌고 있다고 하니, 도시 경제에는 분명 긍정적인 결과를 가져온 것 같습니다.

4월

섬진강 따라
꽃향기를
동서로

전라남도
구례

경상남도
하동

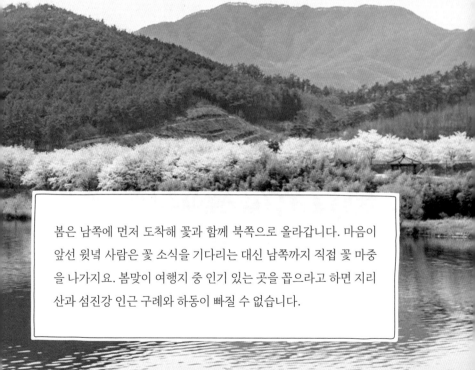

봄은 남쪽에 먼저 도착해 꽃과 함께 북쪽으로 올라갑니다. 마음이 앞선 윗녘 사람은 꽃 소식을 기다리는 대신 남쪽까지 직접 꽃 마중을 나가지요. 봄맞이 여행지 중 인기 있는 곳을 꼽으라고 하면 지리산과 섬진강 인근 구례와 하동이 빠질 수 없습니다.

	인구	면적	키워드
구례군	24,002명	443km²	지리산, 섬진강, 화개장터, 빨치산, 『토지』
하동군	40,679명	676km²	

봄이 아름다을 고장

우리나라는 뚜렷한 사계절의 변화가 있는 나라입니다. 최근 기후변화의 영향으로 봄과 가을이 짧아져서 한반도에는 폭염과 한파만이 남았다는 말도 나오지만, 그래도 아직까지는 사계절이 남아 있습니다. 네 계절이 저마다 독특한 개성을 가지고 있어 이 중 언제 우리나라가 제일 아름다운지 가리기가 어렵지요.

하지만 우리의 마음을 가장 설레게 하는 계절을 꼽으라고 하면 단연 봄입니다. 아무래도 추운 겨울에는 생명 활동이 위축되고 풍경도 흑백 위주이지만, 봄이 되면서 생명이 다시 움트고 풍경에도 다채로운 색채가 돌아오기 때문일 것입니다. 가을도 울긋불긋한 단풍으로 화려한 색깔을 자랑하지만 그 화려함은 곧 갈색 낙엽이 되어 떨어질 운명이라 어딘지 쓸쓸해 보이기도 합니다.

117

묵직하고도 너그럽게 사람들을 품어 온 지리산

그에 비해 봄의 색깔은 생명력이 푸르게 타오를 여름을 예고하기 때문에 마음을 경쾌하게 만들어 줍니다.

봄이 아름다운 고장 구례와 하동, 이 지역의 아름다운 풍경은 지리산과 섬진강의 합작품입니다. 지리산과 섬진강은 떼려야 뗄 수 없는 사이죠. 이 지역에서 솟아오른 곳은 결국 다 지리산 자락이고, 지리산에서 흘러내린 물이 곧 섬진강이니까요. 그래서 구례, 하동 지역은 어딜 가더라도 지리산을 배경으로 조곤조곤 흘러가는 섬진강을 만날 수 있습니다.

흐근한 산자락, 지리산

지리산은 높이가 해발 1,915미터로 우리나라에서 제주도의 한라산 다음으로 높은 산입니다. 또 백두산에서 출발한 한반도의 등뼈, 백두대간의 종점이기도 합니다. 그저 높기만 한 것이 아니라 넓고 크기도 합니다. 노고단에서 천왕봉까지 주 능선의 길이만 26킬로미터나 되고, 그 사이사이에 웬만한 산의 주 능선과 맞먹는 규모의 가지 능선들을 거느리고 있습니다. 산자락이 얼마나 넓게 펼쳐져 있는지, 지리산 둘레길의 길이는 무려 300킬로미터에 달하죠. 높이는 한라산보다 조금 낮지만 덩치로는 단연 우리나라에서 제일 큰 산입니다.

이 넓은 산자락 사이사이로 맑은 물이 흐르는 계곡이 손금처럼 펼쳐져 있습니다. 북쪽 자락의 계곡은 남강으로 흘러 들어가 낙동강에 보태지고, 남쪽 자락의 계곡이 바로 섬진강에 보태집니다. 섬진강은 지리산과 만나기 전까지는 '이게 무슨 강이야?' 소리가 나올 정도로 수량이 빈약하고 수질도 나쁘지만, 지리산 물을 만난 이후로는 맑은 물이 넘실대는 강다운 모습을 보여 줍니다. 그만큼 지리산은 물이 많은 산입니다. 그래서 지리산의 또 다른 이름이 '물병 산'이라는 뜻의 방호산^{方壺山}이지요.

이렇게 계곡으로 유명한 산이지만 설악산처럼 화려한 계곡 풍경은 없습니다. 지리산 계곡은 급류와 폭포가 줄지어 선 그런

'포토존' 계곡이 아니라 넉넉한 산자락을 따라 느긋하게 흘러가는 편안한 계곡입니다. 설악산이 깎아지른 절벽과 기암괴석 봉우리들을 거느린 화려한 바위산인 반면, 지리산은 부드럽고 육중한 흙산이기 때문이지요. 설악산은 첫눈에도 압도적인 위용을 뽐냅니다. 처음 방문한 사람도, 등산이 아니라 케이블카를 타고 올라간 사람도 누구나 바로 감탄사를 연발합니다. 반면 지리산은 소박하고도 묵직한 매력으로 처음 방문하면 평범해 보이지만 내려와 일상으로 돌아오면 자꾸 그리워지는 그런 산입니다.

지리산은 친절합니다. 다른 큰 산들, 가령 설악산, 덕유산, 소백산 등은 지역과 지역을 가르고 사람의 왕래를 막는 거대한 장벽입니다. 하지만 지리산만큼은 그 큰 몸집에도 불구하고 도리어 사람을 품어 왔습니다. 등산로만 해도 온갖 철제 안전시설 없이는 감히 오를 수 없는 설악산과 비교하면 평지나 다름없지요. 끈기와 체력만 있다면 특별한 등산 기술 없이도 오를 수 있는 너그러운 산입니다. 어찌나 너그러운지 오르는 것은 물론 와서 살아도 좋다고 손짓하는 그런 산입니다.

지리산이라는 이름부터 너그럽습니다. 한자를 그대로 풀어 보면 '다름을 아는 산'입니다. 다름을 안다는 것은 무슨 뜻일까요? 바로 관용입니다. 덕이 높은 사람은 다름을 알고, 다른 사람을 함부로 단정하거나 배척하지 않습니다. 산에도 덕이 있다면 지리산이야말로 그런 산입니다.

그래서 예로부터 지리산에는 온갖 사연을 가진 사람들, 서로 다른 사람들이 들어와 살았습니다. 지리산은 구경하는 산, 오르는 산이 아니라 들어가 사는 산이었던 것이죠. 예로부터 누군가 산속에 들어가 도를 닦으며 살았다 하면 그 산은 십중팔구 지리산이었습니다. 지금도 자연 속에서 오손도손 소박하게 살고자 하면 제일 먼저 살펴보는 곳이 지리산 자락의 마을들입니다. 얼마 전까지 유행했던 TV 프로그램 〈나는 자연인이다〉의 제작진이 가장 열심히 뒤지고 다녔던 곳 역시 지리산 자락입니다.

그런데 지리산 자락의 마을들은 산에서 살고 있다고 하면 흔히 떠올리는 두메산골이 아닙니다. 오히려 넓은 평야 지역에서 여유롭게 살아가는 마을의 모습을 하고 있습니다. 강원도의 마을들은 사진만 봐도 바로 산골 같지요. 하지만 지리산의 마을들은 사진으로 보면 여느 평지 마을과 다를 바 없어 보입니다. 여기에 바로 섬진강이 한몫을 합니다. 지리산 자락에 넓게 펼쳐진 마을들은 지리산과 섬진강이 함께 일구어 놓은 삶터입니다.

맑고 잔잔하게, 섬진강

섬진강은 지리산에서 내려오는 맑고 풍부한 물을 받아 몸집을 키운 뒤 그냥 흘러가지 않고 구례와 하동이라는 비옥하고 넓은 분지 평야를 가꾸었습니다. 구례, 하동 말고도 지리산 자락마다 마을 하나쯤은 넉넉히 품을 수 있는 기름진 평야들이 숨어 있습니다. 그래서 지리산 자락의 마을들은 산골짜기 두메 마을의 느낌이 전혀 나지 않고 그저 소박하고 여유로운 삶이 느껴질 뿐입니다. 이중환 역시 『택리지』에서 이 지역의 비옥함을 나라 안에서 제일이라 칭찬했지요.

섬진강은 한강이나 낙동강은 물론 가까운 영산강보다도 작은 강입니다. 하지만 우리나라에서 가장 낭만적인 느낌을 주는 강입니다. 섬진강처럼 시인들의 소재가 많이 된 강이 또 있을까 싶을 정도이죠. 이름 좀 알려진 시인이라면 누구라도 섬진강을 소재로 하는 시를 남겼을 정도로 그윽한 정취와 동경을 느끼게 하는 강입니다. 특히 김용택 시인은 아예 섬진강만으로 시집 한 권을 쓰기도 했습니다.

섬진강은 상류부터 하류까지 내내 맑은 물이 잔잔하게 흘러가는 덕스러운 강입니다. 중간에 물살 거친 구간 하나 없이 굼실굼실 흘러갑니다. 특히 섬진강과 지리산이 함께하는 구례와 하동 사이 구간에서는 1급수가 흘러갑니다. 1급수는 특별한 정수 과정 없이 끓이기만 하면 마실 수 있는 맑은 물로, 우리나라의 5대 강 (한강, 낙동강, 금강, 영산강, 섬진강) 중에 1급수가 흐르는 곳은 섬진강뿐입니다. 더구나 상류도 아닌 중류에서 말이죠.

섬진강과 지리산의 합작품은 맑은 물과 너른 평야에 그치지 않습니다. 우리나라의 고질적인 문제 하나를 푸는 실마리가 되기

굼실굼실 차분하게 흐르며 사람들을 이어 온 섬진강

도 하지요. 전라도와 경상도의 지역감정 이야기입니다. 전라도와
경상도의 대부분 지역은 백두대간에 가로막혀 왕래가 적었습니
다. 이것이 지역감정으로 이어졌지요. 전라도인 구례와 경상도인
하동도 가로막혀 있었다면 왕래가 적고 서로를 배척했을지도 모
릅니다. 그러나 두 지역 사이엔 섬진강이 있어요. 강 하나 건너면
만날 수 있는 사이, 강을 사이에 두고 마주 보는 사이, 지리산을
공유하는 사이여서 교류가 활발했고 이웃으로 성장할 수 있었습
니다. 그 증거로 화개장터가 유명하지요.

요즘 세대 사람들은 잘 모르겠지만 1990년대에는 "전라도와 경상도를 가로지르는 섬진강 나루의 화개장터엔"으로 시작하는 노래 〈화개장터〉가 크게 유행했습니다. 화개장터는 하동군 화개면의 실제 시장으로 지리산 의신계곡, 대성계곡, 불일계곡 같은 큰 계곡들이 모인 화개천이 섬진강과 만나는 곳에 있습니다. 섬진강을 통해 서해와 남해를 따라 내려온 배도 들어올 수 있고 지리산 산길을 타고 북쪽 지역 상인들도 올 수 있어서 조선 시대부터 크게 번성했지요. 섬진강을 통해 바다로부터 배가 들어올 수 있다는 점은 장터로서 정말 유리한 조건이었습니다. 백두대간에 가로막혀 왕래가 적은 부산, 통영의 상인이 전라도에서도 물건을 팔 수 있었으니까요. 팔도 사람들이 이야기꽃을 피우고 거래하는 이곳에 지역감정이 들어설 자리는 없었습니다.

굽이굽이 새겨진 곡절과 아픔

구례와 하동은 이처럼 아름다움과 덕이 있는 고장이지만, 그만큼 아픔도 많이 담고 있습니다. 아름답고 덕스러운 만큼 온갖 사연과 아픔을 가진 사람들이 찾아들기 때문입니다. 특히 지리산 자락에는 예로부터 이런저런 사연으로 세상을 피해야 하는 사람들이 많이 들어와 살았습니다.

이들 중에는 벼슬을 버리고 자연 속에서 도를 닦으며 살고자 하는 선비도 있었고, 역모 사건에 연루되어 신분과 가문을 감추고 숨어 사는 사람도 있었고, 도망친 노비나 백정, 그리고 원래부터 산에서 살던 사냥꾼과 심마니 등 참으로 다양한 사람들이 있었습니다. 이들은 특히 지리산 남쪽의 삼신봉과 촛대봉 사이 골짜기에 많이 모여 살았는데, 거림계곡을 끼고 있는 내대리와 청학동이 대표적입니다.

한국 현대사에서 지리산은 실패한 혁명가들이 마지막으로 숨어드는 곳이기도 했습니다. 동학농민운동을 이끌었던 지도자들이 혁명 실패 후 이곳에 숨었으며, 형평운동을 하다 쫓겨난 사람들이 숨어든 곳도 지리산, 이현상 등 봉기했다 패퇴한 좌익 게릴라들이 마지막으로 숨어든 곳도 지리산입니다. 수백 년 동안 지리산은 아픔과 패배와 상처를 안은 수많은 사람들을 받아들였습니다.

상처받은 이들을 품다가 지리산이 도리어 큰 상처를 입기도 했습니다. 6·25 전쟁 시기 지리산은 1,500명이 넘는 빨치산과 이들을 쫓는 토벌군 사이에 벌어진 피비린내 나는 전투의 무대가 되어 황폐해져 갔습니다. 이 전투는 소설 『태백산맥』, 『남부군』, 『아리랑』 등의 소재가 되었지요. 지리산이 무대인데 왜 제목이 『태백산맥』인지는 모르겠지만 말입니다.

빨치산을 '산에서 싸우는 빨갱이'라고 잘못 아는 사람들이 많습니다. 하지만 이 말은 우리 말이 아니라 러시아어 '파르티잔'이

6·25 전쟁 시기 빨치산의 근거지였던 지리산 가마골의 사령관동굴

우리말로 옮겨 오는 과정에서 변형된 것입니다. 파르티잔은 비정규 무장 세력을 뜻하는 말인데, 군벌이나 조직폭력배 같은 것이 아니라 어떤 이념이나 정치적 견해를 같이하는 당파가 무장하여 정규군과 맞서는 경우를 말합니다. 빨치산도, 이들을 토벌하던 군경도, 또 그 사이에서 피해를 당한 주민들도 모두 해방 직후 혼란스럽던 이념 갈등의 희생자입니다. 이념은 증발되어 사라졌고 남은 것은 아픔과 상처뿐이죠.

누군가는 지리산은 우리나라 제1호 국립공원이니 상처보다

영광이 큰 것이 아니냐고 반문하기도 합니다. 그러나 지리산이 국립공원으로 지정된 사연을 읽으면 도리어 가슴이 더 아파집니다. 1950~1960년대 사이 6·25 전쟁의 상처를 딛고 일어서자는 재건의 열풍이 전국에 일었습니다. 문제는 지리산의 빽빽한 나무들이 건설자재로 인기가 많아, 무자비하게 벌목되었다는 것입니다. 신령스러운 지리산이 벌거벗은 붉은 산이 될 판이었습니다. 그래서 인근 구례중학교의 산악회 '연하반'을 중심으로 교사와 학생들이 멀리 서울까지 올라와 지리산을 국립공원으로 지정하고 보존해 달라고 호소했습니다.

공원이라는 말 때문에 오해할 수도 있지만, 본래 국민에게 휴식공간을 제공하는 것이 아니라 그 구역을 보호하는 것이 국립공원 운영의 목적입니다. 나라에서 가치가 높다고 인정하여 보전하기로 결정한 구역을 말하니까요. 그래서 국립공원을 지정하고 관리하는 담당 부처도 문화체육관광부가 아니라 환경부입니다.

구례 주민들의 호소에 감동한 국회의원들은 국립공원법을 만들어 지리산에 처음 적용하였습니다. 지리산이 제1호 국립공원으로 지정된 정도가 아니라, 지리산을 보전하기 위해 국립공원이라는 제도가 만들어진 것이지요. 그리고 이를 기념하기 위해 제석봉과 촛대봉 사이에 있는 해발 1,721미터의 봉우리를 연하봉이라고 명명하였습니다.

이렇게 아픔과 사연이 많은 산이다 보니 지리산과 섬진강 사이에는 다른 지역보다 훨씬 많은 사찰들이 들어섰습니다. 어쩌면 전국에서 제일 사찰이 많은 고장일지도 모르겠습니다. 지리산 골짜기마다, 섬진강 굽이마다 사찰이 하나씩 있다고 해도 과장이 아닐 정도이죠.

　이름난 사찰을 몇 개만 꼽아 봐도 그 면면이 대단합니다. 신라 화엄종의 본산으로서 천오백 년 역사를 자랑하는 화엄사, 지리산이 표주박처럼 골짜기를 품고 있는 화개천 불일계곡의 천년 고찰 쌍계사, 그리고 우리나라 산사 중에 아름답기로는 둘째가라면 서러워하는 천은사, 이 세 사찰을 지리산의 3대 사찰이라고 합니다. 모두 국보와 보물들을 다수 보유하고 있어 전국에서도 손꼽히는 전통 사찰들입니다.

　3대 사찰 못지 않게 유명한 사찰들도 많습니다. 많은 국보와 보물을 보유하고 아름다운 피아골 계곡의 들머리를 장식하는 연곡사, 섬진강이 내려다보이는 오산 절벽 위에 아슬아슬하게 자리 잡아 눈물이 날 정도로 아름다운 경관를 자랑하는 사성암도 빼놓을 수 없죠. 위 사찰들 중 화엄사, 천은사, 연곡사, 사성암은 220년 미국 CNN에서 선정한 '한국의 가장 아름다운 사찰 33곳'에 들기도 했습니다.

　지금도 사찰이 결코 적지 않지만 한창때는 벽소령에서 섬진강에 이르는 의신계곡과 화개천 일대에 훨씬 더 많은 사찰이 들어서 있었다고 합니다. 그 많던 사찰은 다 어디로 갔을까요? 안타깝게도 상당수 사찰이 6·25 전쟁과 빨치산 토벌 과정을 거치면서 불타 버렸습니다. 총탄과 포탄에 맞아 파괴된 것이 아니라, 적군의 은신처를 제거한다는 명목으로 멀쩡한 사찰들을 불태워 버렸다고 하지요.

불후의 명작 『토지』의 고장

우리나라를 대표하는 문학작품은 무엇일까요? 한국문학번역원이 실시한 '2018 문학실태조사 연구'에서 문학인 2,000명에게 시, 소설, 수필, 희곡 등 장르를 가리지 않고 역대 최고의 작품을 하나만 꼽아 달라고 물어본 결과, 22.2퍼센트라는 압도적인 다수가 지지한 작품이 있습니다. 앞선 장에서도 등장했던 박경리의 대하소설 『토지』입니다. 다른 작품들로는 조정래의 『태백산맥』(6.9퍼센트), 최영희의 『혼불』(2.9퍼센트), 최인훈의 『광장』(2.0퍼센트), 김소월의 「진달래꽃」(1.7퍼센트), 황순원의 「소나기」(1.5퍼센트), 조세희의 『난장이가 쏘아 올린 작은 공』(1.4퍼센트), 윤동주의 「서시」(1.4퍼센트) 등이 꼽혔습니다. 2위부터 10위를 합친 것 보다도 더 높은 득표율이니 정말 압도적인 지지를 받은 셈이죠.

명실상부 우리나라 문학을 대표하는 대작인 『토지』의 주무대가 바로 구례와 하동 지역입니다. 소설을 바탕으로 하여 2000년대 초반 방영된 TV 드라마 〈토지〉 역시 하동군의 평사리에 세트

129

대하소설 『토지』의 무대, 하동 평사리에 위치한 박경리문학관

장을 설치하고 촬영했습니다. 촬영용 세트장은 딱 봐도 인위적으로 만들어진 티가 나기 마련인데, 이 세트장은 동네와 잘 어울려 마치 원래부터 그곳에 있었던 것처럼 보입니다. 100여 년이 지난 지금도 소설이 쓰였던 당시 동네의 모습과 느낌이 살아남아 있기 때문입니다. 당장이라도 소설 속 인물들을 마주칠 것 같은 세트장 옆에는 박경리 작가를 기념하는 문학관이 자리 잡고 있습니다.

사실 토지의 이야기는 평사리에서만 펼쳐지지 않습니다. 토지의 주요 등장인물들은 수시로 섬진강을 따라 나룻배를 타고 하동을 돌아다니며 이런저런 거래를 합니다. 아예 섬진강을 따라 바다에 나가 통영까지 다니기도 합니다. 반대로 섬진강을 거슬러 올라간 구례와 지리산 골짜기에서도 온갖 이야기가 펼쳐집니다. 지리산 골짜기마다, 섬진강 굽이마다 우리나라를 대표하는 문학 작품『토지』의 단락단락이 스며 있는 것이죠.

『토지』는 결코 밝은 이야기가 아닙니다. 조선 후기부터 광복 이후까지 유난히 곡절 많은 최씨 집안의 일대기를 다루고 있죠. 시대상과 맞물려 한 개인의 슬프고 고통스러운 성장기가 그려집니다. 박경리 작가는 이야기의 중심을 부유한 최씨 집안으로 잡았는데, 조선 후기 풍족한 가문은 전라도 평야 지대에 자리하고 있었으니 당연히 전라도를 배경으로 할 생각이었다고 합니다. 그러나 자신이 경상남도 통영 출신이다 보니 전라도의 풍습은 잘 알지 못해 곤란했고, 그러던 차에 하동을 방문해 작품의 영감을 얻었다고 하지요. 지리산, 섬진강과 맞닿은 경상도 지역이라는 하동의 지리 조건이『토지』의 이야기를 꽃피운 것입니다.

지리산과 섬진강은 실제 인물이든 허구 속 인물이든, 많은 이들의 이야기를 품고 어루만져 왔습니다. 그게 별일 아니라는 듯 앞으로도 지리산은 의연하게 푸르름을 자랑하고 섬진강은 부드럽게 흘러가겠지요. 이 고장이 지금까지 그러했듯이 머나먼 훗날까지 오랫동안 이야기 터전이 되길 바랍니다.

척박한 바위섬에서 보물섬으로

경상남도
남해

하동을 지난 섬진강은 제법 큰 물줄기가 되어 광양을 지나 남해 바다로 들어가는데, 바로 큰 바다로 가지는 못하고 그 앞을 가로막고 있는 큰 섬을 한번 거치게 됩니다. 비유하자면 이 섬은 섬진강의 종점이라 할 수 있겠지요. 바로 경상남도 남해군의 남해도입니다.

척박한 자연환경에서 살아남은 주민들

남해 바다에 있는 섬이 한두 개가 아닌데 이 섬만 콕 집어 남해도라고 부르게 된 까닭이 무엇인지는 모르겠지만, 그 역사는 상당히 오래됐습니다. 무려 신라 경덕왕 시대(742~765년)까지 거슬러 올라가니까요. 이전까지 전야산군이라고 불리던 고을을 경덕왕 16년(757년)에 남해군으로 바꾸어 불렀다는 기록이 있습니다. 그러다 인구가 줄어 고려 현종 때는 남해현縣으로 강등되었다고 합니다. 그리고 고려 말에는 왜구의 준동으로 사람이 살기 어려워 현마저 폐지되는 아픔을 겪었죠. 조선 태종 때 간신히 남해현이 복구되었고 이후 계속 진주에 속해 있다가, 고종 때 이르러서야 다시 남해군이 되었습니다.

남해군은 크게 남해도와 창선도로 이루어져 있지만 훨씬 큰 남해도가 남해군의 대부분을 차지하고 있습니다. 바다 이름이 남해인데 섬 이름도 남해, 그리고 행정구역도 남해라서 몹시 헷갈립니다. '남해에 있는 남해군의 남해도', 이런 식이 되니 말이죠. 어쨌든 저출생·고령화 시대가 아니었는데도 인구가 자꾸 줄어들어 군이 현으로 격하되거나 심지어 현마저 폐지되었던 역사를 보면, 남해도는 살기 좋은 곳은 아니었던 모양입니다. 적어도 이중환의 기준으로는 여러 가지 부적격 사유가 있습니다.

우선 농사지을 만한 땅이 없습니다. 남해도는 섬 전체가 거대한 바위산이나 다름없습니다. 평지가 거의 없고, 주로 산지로 이루어져 있습니다. 그 산들도 섬에 있는 것치고는 높이가 꽤 높아 해발 600~800미터에 이르며, 심지어 깎아지른 절벽으로 이루

대부분 지역이 바위산과 절벽으로 이루어진 남해도

어진 바위산들이죠. 해안 역시 대부분이 절벽이어서 배를 댈 만한 곳이 많지 않아 항구가 발달하기 어렵습니다. 경사도가 표시된 지도를 보면 단번에 이해할 수 있을 것입니다. 오늘날 남해읍이 자리 잡고 있는 일부분만 간신히 평지가 있을 뿐, 온통 산으로 뒤덮여 있습니다. 한마디로 농사도 어렵고 고기잡이도 쉽지 않은 곳입니다.

그래도 남해도 주민들은 이런 어렵고 팍팍한 자연환경에 악착같이 적응하여 살아남았습니다. 농사지을 만한 땅이 부족하다면 만들어서라도 지었죠. 우선 산비탈을 깎아서 계단식으로 된 논을 만들었습니다. 남해도의 계단식 논은 바위로 된 비탈을 깎아 낸다고 완성되는 게 아니었습니다. 아무리 평지라도 돌바닥 위에서 농사를 지을 수는 없으니, 흙이 필요했습니다. 흙이 뭐 대

바위산을 깎고 흙을 덮어 만든 남해도의 다랑이 논

수냐 생각할 수도 있지만, 흙이 없으면 식물이 제대로 자라지 못하는데 온통 바위산투성이인 남해도에서는 흙조차 귀해, 한 줌의 흙이라도 악착같이 모아서 계단식으로 깎아 놓은 평지에 보탰습니다. 농사를 짓기 위해 이렇게 깎고, 덮고 하면서 계단식 논을 만들었는데, 이를 다랑이 논이라고 합니다.

이렇게 분투하며 살아야 하는 곳이었기에 남해도는 조선 시대에 유배지로 활용되었습니다. 한번 들어가면 세상과 거의 단절되어 살아야 하는 섬이었던 것입니다. 남해도에서 유배 생활을 한 이들 중 가장 유명한 인물이 『구운몽』과 『사씨남정기』를 쓴 서포 김만중입니다.

전화위복? 남해 보물섬

그랬던 남해도가 오늘날에는 '보물섬'이라는 별칭으로 불리고 있습니다. 남해군에서도 보물섬을 지자체 브랜드로 삼아 열심히 홍보하고 있죠. 이 별칭의 유래에 대해서는 확실하게 알려진 것이 없습니다. 실제로 어떤 보물들이 숨겨져 있다는 것인지도 불분명한데 어느새 섬 곳곳에 보물섬이라는 이름을 사용하는 시설이나 업체들이 들어서 있지요. 현대 사회가 미디어 사회임을 잘 보여 주는 사례일 수도 있겠지만, 사실 이는 남해도에 볼거리, 먹을거리, 즐길 거리가 많다는 의미로 붙인 이름이라고 합니다. 다시 말하면 이 섬의 보물은 관광자원이라는 뜻입니다.

그런데 관광업이라는 것은 관광자원만 풍부하다고 되는 것이 아닙니다. 아무리 훌륭한 관광자원을 보유하고 있더라도 사람들이 찾아오기 불편하다면 실질적인 의미가 크지 못하겠죠. 구슬이 서 말이라도 꿰어야 보배이듯, 볼거리와 즐길 거리가 아무리 많아도 오고 가기 쉬워야 관광지로서 사랑받을 수 있는 것입니다. 그러니 거대한 다리가 지어져 육지와 연결되기 전까지는 관광자원이라는 보물도 빛을 발하지 못하는 채로, 남해도는 척박하고 살기 어려운 땅으로 남아 있었습니다.

하지만 1973년 남해대교가 개통되면서 처음 육지와 연결되고, 2018년에는 노량대교도 개통되면서 남해도를 아주 편리하게 오갈 수 있게 되었습니다. 지금은 그에 더해 동쪽은 삼천포대교와 창신대교, 북쪽은 노량대교로 사실상 육지나 다름없을 정도로 도로가 잘 연결되어 있지요. 그중 첫 연륙교인 남해대교는 우리나라 최초의 현수교로 유명하며, 교각 없이 바다를 건너는 다리라고 하여 수학여행 코스로 한동안 인기를 끌기도 했습니다.

이순신 장군의 마지막 전장

남해도 인근 바다는 임진왜란 당시 이순신 장군의 마지막 전투가 벌어진 곳이기도 합니다. 노량해전이라 알려진 이 전투에서 이순신 장군은 적의 유탄에 맞아 그만 전사하고 말았죠. 그가 전사한 바다는, 정확하게는 노량이 아니라 그보다 남쪽에 있는 관음포입니다. 이러한 노량해전의 배경, 그리고 이순신 장군이 목숨을 걸고 그토록 치열하게 싸웠던 이유를 알려면 당시 상황을 이해해야 합니다.

앞서 3월에도 짧게 살펴보았듯이, 당시 조선 수군은 원래의 근거지인 통영을 원균의 칠천량 패전으로 상실한 상태였습니다. 그나마 명량대첩으로 영해를 어느 정도 수복하긴 했으나 통영을 되찾지는 못하고 여수와 남해 중간 해역 정도만 통제하고 있었죠. 한편 일본은 남해안 일대에 요새(왜성)를 설치하고 버티는 중이었습니다. 다시 조선을 침공하기 위한 것이 아니라 기회를 틈타 자기네 나라로 도망가기 위해서였습니다.

조선-명나라 연합군은 다른 왜장들은 몰라도 조선 침공의 선봉이었던 고니시 유키나가만큼은 돌려보낼 생각이 없었던 모양입니다. 육지와 바다 양쪽에서 각각 권율과 이순신이 포위망을 치고 고니시가 주둔한 순천 왜성을 압박하고 있었습니다. 그런데 이때 경상남도 고성에 주둔 중이던 시마즈 요시히로가 남아 있던

노량해전의 무대가 된 남해도 인근 바다

일본 함대를 전부 긁어모아 순천 왜성 앞바다인 광양만으로 향했습니다. 고니시를 포위하고 있는 이순신과 명나라 연합 함대를 공격하여 포위망을 느슨하게 한 뒤 고니시와 함께 일본으로 탈출할 계획이었죠. 시마즈 역시 조선 입장에서는 결코 살려 보낼 수 없는 인물이었습니다. 바로 제2차 진주성 전투에서 벌어진 대학살극의 원흉이었으니까요. 공교롭게 가장 많은 조선군을 죽인 양대 왜장이 한자리에 모인 셈이었습니다.

시마즈가 광양만으로 가려면 남해도와 사천반도 사이의 좁은 바다인 노량을 통과해야 했습니다. 그런데 이순신 장군은 의외로 이곳을 막지 않고 순순히 통과하게 놔두었습니다. 왜 그랬을까요? 시마즈가 고니시와 합류하는 것을 막는 대신, 두 장수가 합류하게 둔 뒤에 정해 둔 장소로 몰아서 일망타진할 계획을 세운 것이었습니다. 그 장소가 바로 남해도의 관음포라는 해역입니다. 그렇게 이순신 장군의 마지막 전투인 노량해전이 벌어졌습니다. 노량과 관음포를 아우르는 이곳 남해도 앞바다에서 이순신 장군은 왜란을 통틀어 가장 많은 일본군을 사살하고 함선을 파괴하였지만, 안타깝게도 순국하고 말았습니다.

당시 일본군은 거의 모든 함선을 상실한 뒤 장군들만 작은 배에 타고 간신히 탈출에 성공했습니다. 그리고 조선군은 이순신 장군을 포함하여 300여 명이 전사했죠. 이 300이라는 숫자가 일본군 사상자 수에 비하면 매우 적다고 생각할 수 있겠지만, 이순신 장군이 참전한 다른 22회의 전투에서 발생한 전사자를 다 합쳐도 300명이 안 됩니다. 그 유명한 한산대첩에서는 겨우 3명, 명량대첩에서는 겨우 10명이 전사했으니까요. 알면 알수록 대단한 영웅입니다.

독일마을 이야기

한편 남해도에는 다른 방식으로 나라를 구한 영웅들의 자취도 남아 있습니다. 이순신 장군이 침략자와 싸워서 나라를 구했다면, 이들은 외국에 나가 일해서 나라를 구했지요. 바로 우리나라가 어렵고 가난하던 시절, 서독에 파견되어 귀중한 외화를 벌어들인 파독 근로자들입니다.

오늘날에는 우리나라가 동남아시아 등지의 개발도상국 정부와 협약을 맺고 여러 분야의 노동자들을 받아들이고 있지만, 1960년대에는 우리나라가 유럽 등의 여러 국가에 인력을 송출하여 외화를 벌었습니다. 독일이 아직 동독과 서독으로 분단되어 있던 시절, 약 1만 9,000명의 노동자가 서독으로 가서 현지인들이 꺼리는 험한 일을 맡아 부지런히 돈을 벌었지요. 이 중 남성은 대부분 광산 노동자, 여성은 간호사 등 병원 노동자로 일했습니다. 그 대가로 우리나라는 서독으로부터 약 3,700만 달러의 원조를 제공받았습니다. 적은 금액이라고 생각할 수도 있겠지만, 전쟁으로 파괴된 가난한 나라이며 미국의 원조마저 끊긴 상황이었던 대한민국에는 생명수 같은 외화였습니다.

현지 생활에 익숙해져 버리고 현지인과 결혼하는 등의 사정으로 독일에 계속 남아 있던 이들 파독 노동자 중에는 노년기에 접어들면서 고국에서 여생을 보내고 싶어 하는 이들이 있었습니다. 이들은 따로따로 귀국하기보다는 어려운 시절의 기억을 공유할 수 있는 파독 근로자 동료들과 그 가족이 모여 살 마을을 희망했지요. 이에 남해군이 바다가 내려다보이는 아름다운 부지를 제공했고, 독일에서 수입한 건축자재로 독일식 주택을 지어 마을이 마련되었습니다. 이것이 바로, 마치 독일로 여행을 온 듯 이국적인 경관으로 유명한 남해 독일마을입니다. 독일마을은 이국적인 마을, 아름다운 자연경관, 그리고 독일식 요리와 맥주를 즐길 수 있는 곳으로 많은 이들에게 사랑받는 관광지입니다. 다만 여기서 즐기기만 할 것이 아니라 이 마을을 세운 분들의 삶도 기리는 것이 올바른 태도겠지요.

독일마을만큼 유명하지는 않지만 남해도에는 미국에서 귀국한 동포들이 세운 미국마을도 있습니다. 또 재일 교포들과 중국 교포들이 귀국하면서 각각 일본마을과 중국마을을 세우려던 계

귀국한 파독 노동자들을 위하여 남해도에 조성된 독일마을

획도 있었는데, 2019년 이후 일본과 중국에 대한 반감이 심해지면서 취소되고 말았다고 합니다. 일본마을 조성 계획을 취소하지 않으면 독일마을에 대해 불매운동을 벌이겠다는 협박도 아주 많았다고 하죠. 사실 이들 마을을 세우고자 했던 이들은 일본인도 중국인도 아니라 다만 고국을 그리워하는 동포들이었는데, 아쉽고 답답한 일입니다.

역사 유적과
힙한 번화가의
공생 관계

경상북도

경주

5월에는 학교 야외 활동이 많습니다. 특히 이때 수학여행을 떠나는 학교들이 많죠. 수학여행 하면 어디가 떠오르나요? 저는 경주가 생각납니다. 많은 청소년들이 마치 성지를 방문하는 순례자처럼 경주로 수학여행을 떠나 역사를 배우지요.

	인구	면적	키워드
경주시	244,589명	1,325km²	수학여행, 불국사, 대릉원, 황리단길, 고령화

젊은이와 죽은 자가
공유하는 도시

만약 일 년 열두 달이 각각 사람이라면 그중 가장 바쁘게 일
하는 달은 어느 달일까요? 달력을 보면 답이 나옵니다. 각종 기념
일이 가장 많은 달, 바로 5월입니다. 5월에는 '날'이 정말 많습니
다. 근로자의날, 어린이날, 어버이날, 스승의날, 성년의날이 줄줄
이 이어져 있죠. 음력으로 4월 8일인 부처님오신날도 주로 5월에
있습니다. 뿐만 아니라, 우리나라 학교들 중 개교기념일이 5월인
곳도 아주 많습니다. 일단 4년제 대학교만 세어 보아도 건국대,
고려대, 동국대, 부산대, 서울시립대, 연세대, 이화여대, 한양대 등
무려 56개교나 된다고 합니다. 5월에 기념일이 이렇게 많이 모여
있는 이유가 무엇일까요? 날씨가 좋고 풍경도 아름답고, 무엇보
다 생명력이 넘치기 때문이 아닐까 합니다.

글머리에서 이야기했듯이 5월에는 수많은 학교의 수학여행이 집중되어 있습니다. 전국의 학교 절반, 어쩌면 그 이상이 5월에 수학여행을 갑니다. 너무 많은 학교가 몰리다 보니 5월을 피해 다른 시기로 수학여행 일정을 잡는 학교도 생길 정도지요. 그리고 수학여행 하면 떠오르는 고장 경주는, 특히 한 세대 전에는 수도권에 위치한 학교라면 경주가 아닌 곳으로 수학여행 간다는 것을 상상하기도 어려울 정도였습니다. 꼭 수학여행이 아니라도 대입이 끝난 고등학교 마지막 겨울방학이나 봄방학 때는 엄청나게 많은 고등학교 졸업생들이 경주를 찾기도 했습니다.

경주는 청춘의 도시입니다. 예나 지금이나 경주에 가면 온통 젊은이들입니다. 날씨가 좋은 5~6월이나 주말이면 대릉원 인근에 젊은이들이 어찌나 많이 모여드는지, 혹시 근처에 대학교라도 있는 것일까 생각하게 될 정도이지요. 하지만 이들은 대부분 경주에 사는 젊은이들이 아니라 울산, 포항, 대구, 부산, 그리고 수도권에서 놀러 온 이들입니다.

그런데 이와 같은 청춘의 도시 경주는 한편으로 우리나라에서 가장 오래되고 큰 무덤들이 모여 있는 곳이기도 합니다. 『택리지』에서 이중환도 경주 하면 떠오르는 것으로 반월성, 포석정과 같은 유적과 함께 괘릉(원성왕릉) 등 신라 시대의 무덤을 언급하고 있지요. 죽음과 가장 거리가 먼 젊은이들이 가장 오래된 무덤들 사이를 거닐고 '인증샷'을 찍습니다. 수학여행을 오는 10대들, '핫

청년층 관광객들에게 사랑받는 경주 시내의 대릉원

플레이스'를 찾는 20대들, 그리고 그들의 사진에 배경이 되어 주는 1,000년도 더 된 무덤들…. 경주는 청춘과 죽음이 함께하는 도시라고도 할 수 있겠습니다.

경주를 찾은 젊은이들이 무덤에서 인증샷을 찍는다면, 경주에 살고 있는 주민들은 시간과 공간을 무덤과 공유합니다. 주택가 한가운데 태연하게 자리 잡고 있는 거대한 무덤들, 그리고 그 무덤들이 그리는 스카이라인을 주민들은 마치 평범한 언덕 바라보듯하며 살아가지요. 이 무덤들이 모인 곳을 공원 삼아 산책하기도 하면서요. 경주 시내를 거닐다 보면 2020년대의 대한민국 국민, 특히 젊은이들과 1,500년 혹은 그보다 훨씬 전에 살다 간 신라 사람들이 같은 공간에 머무르고 있는 듯한 느낌을 받기도 합니다. 그런데 이것이 으스스하게 느껴지기보다 오히려 신비롭게 느껴집니다. 장률 감독의 영화 〈경주〉(2014)에 이처럼 삶과 죽음, 현재와 과거가 동시에 존재하는 경주의 신비로움이 잘 표현되어 있습니다.

경주 하면 불국사, 석굴암?

학생들을 비롯하여 수많은 단체 관광객들이 경주를 찾던 1970~1980년대, 그 많은 사람들이 경주에 왔다 하면 무조건 들렀던 곳이 있습니다. 바로 불국사와 석굴암입니다. 불국사 입구의 청운교와 백운교 앞에서 찍은 단체 사진 하나 없으면 간첩이라는 말까지 나올 정도였지요. 내륙 여행 1번지 경주, 그리고 경주 여행 1번지 불국사. 그래서 당시 불국사 앞에는 대규모 단체 여행객들을 받기 위한 집단 숙박 시설들이 수십 개나 세워져 거의 작은 도시를 이루었습니다. 호텔이나 리조트와는 다르게 수백 명이 동시에 숙박할 수 있는 커다란 유스호스텔들이었습니다. 부대시설이나 문화 시설 같은 것은 어림도 없고, 그저 많은 사람들을 욱여넣는 데 최적화된 곳이었죠. 그런데 그 많은 유스호스텔 중 지금도 영업을 하고 있는 곳은 많지 않습니다. 절반 이상이 폐업한 채

여행 트렌드의 변화로 관광객의 발길이 끊긴 보문관광단지

방치되어 있고, 아직 영업하고 있는 곳도 1층 일부분만 임대하여 음식점이나 카페로 영업하고 있을 뿐입니다.

불국사 지구뿐 아니라, 4킬로미터 정도 떨어진 고급 관광 휴양 단지인 보문관광단지도 빠르게 쇠락했습니다. 유스호스텔이 모여 있던 불국사 인근과 달리 보문관광단지는 고급 호텔과 리조트들이 들어선 곳으로, 주로 기업이나 공공기관의 행사, 연수, 학술대회, 워크숍 등이 이루어졌고 신혼여행지로도 각광받았습니다. 하지만 현재 보문관광단지에는 폐업한 호텔이 여럿이며, 최고급 대형 호텔과 5만 평이 넘는 대규모 테마파크도 몇 년째 방치되고 있습니다. 보문관광단지의 중심부를 차지한 보문상가의 공실률은 무려 100퍼센트입니다. 수많은 점포들이 하나도 남지 않고 모두 폐업한 것이죠. 이쯤 되면 거의 폐허라고 봐도 될 정도입니다.

이렇게 된 이유가 무엇일까요? 3월에 살펴본 통영과 유사하게 여행 트렌드의 변화를 따라가지 못한 탓입니다. 자동차가 부의 상징이던 시절에는 저렴한 단체 여행이 아니고서는 경주까지 다녀오기 어려웠지만, 집집마다 차가 있는 오늘날에는 가족이나 1~2인 단위 여행이 대세가 되었습니다. 이런 소규모 여행객들은 대규모 단체를 수용하는 데 맞춰진 숙소와 시설을 외면할 수밖에 없습니다. 불국사, 보문의 대형 유스호스텔과 호텔보다는 황남동이나 중부동에 있는 작은 게스트 하우스를 선호하지요.

1970~1980년대에야 여행이란 곧 말로만 듣고 책에서만 보던 유명한 장소를 직접 가서 보는 것이었으니, 불편한 숙소에 묵고 열악한 식사를 할지언정 불국사와 석굴암을 한번 구경하기 위해 단체 여행을 오는 사람들이 많았습니다. 하지만 소득수준이 높아진 오늘날에는 명소를 구경하는 것보다 일상에서 벗어나 새로운 경험을 하는 문화 체험형 여행, 혹은 경치 좋은 곳에서 몸과 마음을 재충전하는 휴양형 여행이 대세입니다. 명소는 다만 거들 뿐, 오히려 머무는 곳과 그 주변이 더 중요한 여행의 요소가 되었죠.

더구나 KTX와 중부내륙고속도로, 상주영천고속도로 등이 개통되면서 수도권에서 경주까지의 이동 시간도 크게 줄었습니다. 예전에는 서울에서 경주까지 가장 빠른 새마을호 열차로도 네 시간 이상, 고속버스로는 다섯 시간이 걸렸던 것이, 지금은 기차로 두 시간 남짓, 고속버스로 세 시간 반으로 줄었습니다. 이제 수도권 주민에게 경주는 큰맘 먹고 떠나는 먼 여행지가 아닙니다. 아침 일찍 출발해 구경할 것 다 하고, 점심 먹고, 저녁까지 먹고도 그날 안에 돌아올 수 있지요. 그런데도 굳이 하룻밤 이상 묵어야 한다면 숙소와 그 주변에 그럴 만한 이유가 있어야 합니다. 하지만 보문관광단지와 불국사 일대는 굳이 하룻밤을 머무를 만한 이유가 보이지 않는 듯합니다.

그런데 이게 어쩐 일일까요? 막상 통계를 살펴보면 이런 쇠락한 관광도시의 모습과는 정반대의 숫자가 나옵니다. 한국관광공사의 통계 자료에 따르면 2023년 1~9월 경주를 다녀간 방문객은 3,592만 9,463명입니다. 재방문하거나 1박 이상 묵는 관광객 수가 중복된 수치이지만, 그것을 감안해도 꽤 많은 이가 경주에 관광 온다는 사실을 알 수 있죠. 그리고 이 중 경주와 가까운 대구, 울산, 부산 등에서 온 방문객이 전체의 3분의 2를 차지할 정도로 압도적으로 많고 경상권 이외의 지역에서 온 방문객도 1,000만 명은 넘습니다. 더 놀라운 것은 방문객이 젊다는 사실입니다. 전체 방문객 중 20대가 19.4퍼센트로 가장 많고 이어서 30대가 17.2퍼센트입니다. 경주 방문객의 40퍼센트가 청년 세대인 것이죠.

답은 바로 '황리단길'에 있습니다. 황남동 포석로 일대에 형성된 거리로 카페, 식당, 소품점 등이 모여 있는 곳이죠. 어느 도시에나 젊은이들이 모이는 번화가가 있지만 황리단길의 인기는 유독 뜨겁습니다. 한 부동산 통계 회사의 2020년 상권 동향 조사에 따르면 황리단길 주간 방문객은 54만 명이 넘고, 주말에는 하루에만 11만 명이 찾는다고 합니다. 이 중 20대와 30대가 73퍼센트를 차지하며 특히 20대가 절반을 넘죠. 반면 경주의 상징과도 같은 불국사 방문객은 황리단길의 10분의 1에 불과합니다.

황리단길과 오버투어리즘

황리단길을 가득 메운 젊은이들은 자연스럽게 그 근처까지 발걸음을 옮겨 쇠락해 가던 구시가지에 활기를 불어넣었습니다. 그리하여 구시가였던 금성로 일대 역시 핫플레이스로 빠르게 바뀌었고, '금리단길'이라는 별칭을 얻게 되었습니다. 원래 경주 구시가는 불국사와 보문단지에 관광객을, 신시가지에 주민을 다 빼앗기고 쇠락하던 중이었습니다. 그런데 지금은 오히려 구시가가 관광객으로 넘쳐 나고 있는 것이지요.

사실 카페, 식당, 소품점이 몰려 있는 'ㅇ리단길'은 경주 외에 다른 대도시에도 존재합니다. 황리단길의 음식점과 카페가 다른 'ㅇ리단길'에 있는 곳보다 특별하게 훌륭한 것은 아니죠. 그렇다

경주시 황남동에 조성된 번화가, 황리단길

고 이곳에서 어떤 역사적 의미를 찾을 수 있는 것도 아닙니다. 신라 유적지는 황리단길에서 제법 멀리 있으니까요. 그렇다면 젊은 이들은 왜 경주까지 와서 황리단길을 찾는 것일까요? 답은 의외로 간단합니다. '동네가 예뻐서'이죠.

　황리단길 건물들은 모두 한옥입니다. 지은 지 10년도 안 된 한옥도 있지만 그래도 50년 된 다른 '○리단길'보다 더 옛날 거리 같지요. 정말 천년의 시간을 마주하는 느낌입니다. 근처에 황남 대총 같은 거대한 고분이 있다는 점도 천년의 시간 여행을 실감 나게 합니다. 기와 지붕과 거대한 고분들이 만들어 내는 둥실둥실

153

한 스카이라인은 마치 중세 도시를 찾은 것 같은 착각이 들 정도입니다. 첨성대를 지나 동궁과 월지로 이어지는 옛 신라 왕궁 터의 탁 트인 경관과 월정교의 야경은 마치 역사 드라마의 한 장면에 들어간 것 같은 느낌을 줍니다.

사실 '황리단길'이라는 것은 공식적인 명칭은 아닙니다. 경주시 포석로 내남사거리에서 황남초등학교사거리까지의 구간을 이렇게 부를 뿐입니다. '황'은 이 지역의 행정구역명인 황남동, '리단길'은 청년층에게 꾸준히 사랑을 받아 온 서울 이태원의 '경리단길'에서 따온 말입니다. 경리단길도 공식 이름은 서울시 용산구 이태원동 회나무로지만, 옛날 육군경리단(오늘날의 육군재정본부)이 위치해 있었다는 뜻으로 불린 이름이죠. 이렇게 '○○의 경리단길'이라는 뜻으로 '○리단길'이라 불리기 시작한 곳이 여러 군데 있습니다. 송파구의 '송리단길', 망원동의 '망리단길' 등, 경리단길은 특색 있는 골목 상권을 일컫는 일반명사가 되었습니다.

그런데 이게 과연 바람직한 현상인지는 한번 생각해 봐야 합니다. 경주는 세계 인류 문화유산이 여럿 자리하는, 우리나라를 대표하는 역사 유적 도시입니다. 이런 곳이 한순간의 유행에 편승하여 관광객을 끌어모으고, 유행에 편승해 온 관광객들이 역사 유적에는 잘 방문하지 않는 현실이 지속되면 어떻게 될까요? 예나 지금이나 명성 높은 관광도시들은 무엇이 유행하든 휩쓸리지 않고 그 도시만의 분위기로 사람들을 매혹합니다. 그 도시만의 고즈넉함과 예스러움으로 생명력을 이어 가는 것이지요. 경주 또한 다른 도시와 달리 고층 빌딩이 적고 신라의 흔적이 고스란히 남아 있는데 여타 관광도시처럼 매력을 온전히 뽐내고 있지 못하는 듯해 씁쓸합니다.

또 '○리단길'로 흥한 도시들은 한순간에 거품이 혹 빠지는 사례가 많다는 점도 우려스럽습니다. 서울 이태원의 경리단길은 번화가 관광의 시초였지만 부동산 임대료 상승과 젠트리피케이션 현상으로 순식간에 몰락했습니다. 쇠락한 지역이 갑자기 큰 주목을 받기 시작하면 사람들이 많이 몰려오고, 각종 음식점과 카페가 성업합니다. 그렇게 되면 이 지역의 임대료가 점점 올라가게 되는데, 마침내 임대료가 최상급 상업지역 수준이 되면 소규모 음식점이나 카페가 견디지 못해 떠나고, 막대한 임대료를 감당할 수 있는 대형 프랜차이즈들이 그 자리를 채우게 됩니다. 이렇게 되면 그 지역만의 개성이 사라지게 되어 방문객이 줄어들고, 결국 지역 상권이 몰락하고 맙니다. 그렇게 경리단길이 지금은 가게도 드물고 사람도 적은 쓸쓸한 거리가 되었죠. 망리단길과 송리단길도 비슷한 길을 걷고 있습니다.

만약 천년 고도 경주의 황리단길도 다른 '○리단길'처럼 한순간에 유행이 지나가서 쇠락한다면, 그리하여 경주도 함께 쇠락한다면 매우 슬픈 일이 될 텐데, 지금의 상황을 보면 이런 걱정이 결코 기우만은 아닌 것 같습니다. 거리를 가득 채운 카페, 음식점,

상점 들을 보면 '경주'라야만 하는 이유가 딱히 보이지 않기 때문입니다. 황리단길을 가득 채운 음식점의 대부분은 경주의 고유성과는 거리가 먼, 캐주얼한 서양 요리나 일본 요리를 취급합니다. 카페들 역시 여타 번화가에서 흔히 볼 수 있는 '인스타 감성' 스타일이 많죠. 다들 유행을 많이 타는 업종입니다.

어느새 젠트리피케이션 현상도 본격적으로 나타나고 있습니다. 2015년, 쇠락해 가던 이 일대에 청년 창업주들이 가게를 내면서 황리단길의 신화가 시작되었지만 그 주역들 중 상당수는 이미 가게를 폐업하고 이곳을 떠났습니다. 황리단길이 전국적인 수준의 상권이 되면서 임대료가 몇 년 사이에 열 배까지 뛰어올랐기 때문입니다. 애초에 청년 창업주들이 이곳에 가게를 낸 이유는 쇠락한 지역이라 임대료가 아주 쌌기 때문입니다. 하지만 그들 덕분에 활기를 찾은 지역이 오히려 비싼 임대료로 그들을 쫓아낸 셈이죠. 그 결과 2023년 현재 황리단길의 화려한 음식점, 카페는 비싼 임대료를 감당할 수 있는 외지인이 업주인 경우가 3분의 2를 넘는다고 합니다.

경주를 찾는 관광객이 전에 없던 수준으로 늘어나고 있기는 하지만 마냥 낙관만 하기는 어렵다는 것을 알 수 있습니다. 뭐니 뭐니 해도 경주는 유적의 도시이자 우리 역사의 보물창고인데, 주 종목 대신 임시적이고 부수적인 힘에 기대어 유지되는 관광산업은 불안할 따름입니다.

젊은이의 성지도 피할 수 없는 운명

젊은이의 성지가 된 경주도 피해갈 수 없는 운명이 있습니다. 바로 지방 소멸입니다. 경주시의 인구는 1994년에 29만 명으로 최고점에 도달한 이래 꾸준히 줄어들어, 2023년에는 25만 명 이하로 내려가고 말았습니다. 10퍼센트 이상 줄어든 것입니다. 아파트 등 신도시가 세워진 용강동, 동천동, 황성동을 제외한 경주시 전체가 지방 소멸 위기를 겪고 있습니다. 전체 인구가 줄어드는 가운데 신시가지에 인구가 집중된다는 것은 결국 구시가지가 황폐해진다는 뜻입니다. 실제로 구시가인 황남동, 중부동, 황오동, 월성동 등의 상권은 심각한 수준으로 무너지고 있습니다. 본래 황리단길도 그렇게 구시가가 무너지면서 거리가 텅 비어 버린 거리였기 때문에 저렴한 임대료로 젊은 자영업자들이 들어올 수 있었던 것이지요.

수천만 명이 찾는 관광도시 경주마저 소멸 위기에서 자유롭지 않다는 현실은 충격적이기까지 합니다. 경주뿐 아닙니다. 우리나라에서 손꼽히는 다른 관광도시들인 강릉, 속초, 양양 모두 마찬가지입니다. 전라남도 최대의 관광도시로 변신한 여수는 관광업뿐 아니라 만만치 않은 산업 단지까지 보유하고 있음에도 불구하고 인구가 줄어들고 있습니다. '관광 1번지'로 불리는 제주도도 예외가 아닙니다. 모두 소멸 위기에서 자유롭지 않습니다.

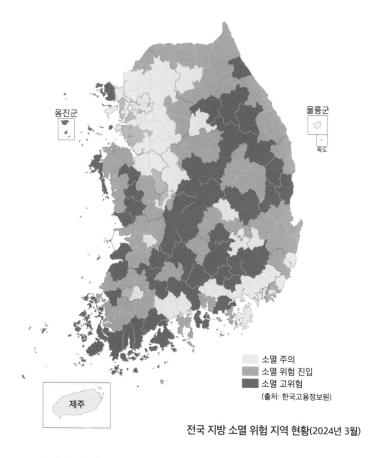

옹진군

울릉군

독도

소멸 주의
소멸 위험 진입
소멸 고위험
(출처: 한국고용정보원)

제주

전국 지방 소멸 위험 지역 현황(2024년 3월)

　이러한 현실은 소멸 위기에 처한 전국의 여러 지방자치단체
들이 저마다 관광만이 살길이라며 매달리고 있는 상황이라 더욱
우려스럽습니다. 각 지자체들은 관광 명소가 되기만 하면 일자리
가 생기고 경제가 살아나 지역의 활기를 되찾을 것이라는 장밋빛
꿈들을 꾸면서, 멀쩡한 자연을 훼손해 가며 케이블카와 구름다리
등을 설치하고, 정체불명의 지역 축제를 개최합니다. 하지만 국제

급 관광도시인 경주, 제주, 강릉도 피해 갈 수 없는 지방 소멸 위기를 특색 없는 케이블카, 구름다리, 지역 축제가 구원하기는 어려울 것 같습니다. 오히려 처음 개장할 때만 반짝 주목을 받고는 유지비만 들어가는 애물단지가 될 가능성이 크지요.

경주는 현재 젊은이들이 주변 대도시로 떠나면서 주민의 고령화가 가파르게 진행되고 있습니다. 경주에서 근무하는 인구의 30퍼센트가 울산에 살면서 원거리를 출퇴근해 지방 소멸 속도는 가속화되고 있죠. 돈은 경주에서 벌지만 소비 생활이나 세금 납부는 울산에서 하니 지자체 수입이 줄어들 수밖에요. 이렇게 먼 거리를 통근하는 사람들은 경주가 관광지 외에 문화 시설이 적고 마트, 백화점 같은 생활 인프라가 부족해 울산에 살 수밖에 없다고 설명합니다. 정리하자면 경주는 모순적인 상황을 마주한 것입니다. 신라의 고유한 유적을 보존해 관광 자원을 살리는 동시에 생활 기반 시설을 개발해 실제 주민을 늘려야 합니다. 보존과 개발을 발맞추는 것이 보통 어려운 일이 아니기에 지자체의 고민은 깊어지고 있습니다. 경주가 이 상황을 돌파할 힌트는 무엇일까요? 모순 사이에서 균형점을 찾을 지혜가 간절해 보입니다.

백제 문화권에는 아련함이

충청남도
공주
부여

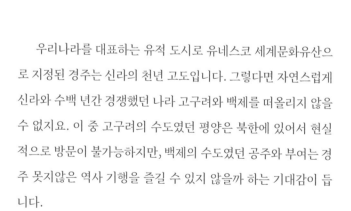

우리나라를 대표하는 유적 도시로 유네스코 세계문화유산으로 지정된 경주는 신라의 천년 고도입니다. 그렇다면 자연스럽게 신라와 수백 년간 경쟁했던 나라 고구려와 백제를 떠올리지 않을 수 없지요. 이 중 고구려의 수도였던 평양은 북한에 있어서 현실적으로 방문이 불가능하지만, 백제의 수도였던 공주와 부여는 경주 못지않은 역사 기행을 즐길 수 있지 않을까 하는 기대감이 듭니다.

옛 백제의 도읍을 찾아서

아니나 다를까, 경주가 유네스코 세계문화유산으로 지정된 것과 마찬가지로 백제의 도읍이었던 도시들도 백제역사유적지구라는 이름의 유네스코 세계문화유산으로 지정되어 있습니다. 충청남도 공주시와 부여군, 그리고 전라북도 익산시가 포함되어 있죠. 그래서 '백제 문화권 탐방'과 같은 테마로 답사 여행을 가는 사람들도 늘어나고 있고, 학생들을 위한 수학여행 코스도 개발되어 있습니다.

백제 역사 지구는 경주에 비해 더 낭만적이라고 할까요, 어딘지 조금은 아련하고 애틋한 느낌을 줍니다. 이유가 무엇일까요? 우선 백제가 삼국 중 가장 화려하고 세련된 문화를 발전시켰다고 알려진 까닭일 것입니다. 사실 고구려와 신라의 문화가 백제 문화에 비해 실제로 더 투박한 것은 아닙니다. 물론 백제가 그 둘에 비해 유약하거나 소극적이었던 것도 아니죠. 그래도 아직까지 우리는 고구려 하면 용맹함, 백제 하면 섬세함을 떠올리는 경향이 있습니다. 그리고 세 나라 중 가장 뒤떨어진 신라가 중국(당나라)을 끌어들여 더 잘난 형들을 무너뜨렸다고 생각하곤 하지요. 물론 이는 오해입니다. 하지만 백제 문화가 다른 두 나라보다 더 화려한 문화를 꽃피웠던 것은 사실입니다. 아무래도 넓은 평야 지역을 차지하여 다른 두 나라보다 경제력이 앞섰던 덕분이겠죠.

또 다른 이유는 백제가 전쟁에서 패해 멸망한 나라라는 것입니다. 그것도 고구려와 신라 양쪽에 모두 패하여 두 번이나 멸망했습니다. 고구려에 패배해 원래 근거지인 경기도 지방을 모두

각각 무령왕릉, 봉황을 모티프로 한 공주시와 부여군의 로고

상실하고, 이후 충청도와 전라도를 중심으로 제2의 전성기를 맞이했지만 결국 신라에게 다시 패배했지요. 패망한 나라의 유적은 묘한 감정을 불러일으킵니다. 그래서 답사 여행을 좋아하는 사람들 중에는 경주보다 상대적으로 덜 알려진 백제 문화권 탐방에서 색다른 경험을 기대하는 경우도 많습니다. 더구나 백제 역사 지구의 유적은 경주의 유적보다 온전하게 남아 있는 문화재가 훨씬 적습니다. 다양한 볼거리가 있는 경주에 비하자면 거의 폐허처럼 보일 정도이죠. 승리자인 신라가 패배자인 백제의 도읍을 파괴하거나 한 것은 아닙니다. 지금과 같은 폐허가 된 것은 오히려 신라마저 멸망한 이후의 일이었습니다.

하지만 그렇게 묘한 아련함으로 상상력을 자극하는 백제 역사 지구를 탐방하고자 한다면 경주 역사 유적 탐방보다는 훨씬 어렵고 힘든 여행을 각오해야 합니다. 신라가 경주에서 건국하여 1,000년 내내 경주를 도읍으로 삼았던 것과 달리 백제는 수도를 여러 차례 옮겼기 때문입니다. 백제 역사 지구는 경주 역사 지구보다 범위도 훨씬 넓고 주요 유적들도 멀리 흩어져 있습니다. 공주에서 부여까지 40킬로미터 정도 떨어져 있고, 부여에서 익산까지 다시 30킬로미터 정도 떨어져 있습니다. 그래서 이동 거리가 경주보다 세 배 정도 길지요.

금강의 머리, 공주시

먼저 백제의 두 번째 도읍은 웅진성이 자리 잡았던 곳인 충청남도 공주시입니다. 백제라고 하면 전라도 지역의 나라라는 이미지가 강하지만, 실제로는 한강과 임진강을 기반으로 하는 나라에 가까웠습니다. 서울, 경기, 그리고 황해도 동부 지역이 근거지였죠. 그 도읍인 위례성(한성) 역시 한강을 끼고 오늘날 송파구 풍납동에서 경기도 하남시에 이르는 지역입니다.

그런데 개로왕 때 고구려와의 전쟁에 패배하면서 백제는 도읍은 물론 임진강에서 한강에 이르는 넓은 근거지를 모두 상실하고 왕의 목숨까지 빼앗기는 치욕을 겪었습니다. 도읍이 함락되고, 근거지를 상실하고, 왕이 잡혀 죽었다면 사실상 나라가 망한 것이나 다름없지요. 하지만 백제 사람들은 용케 망국의 위기에서 탈출하여 남쪽으로 100킬로미터 이상 떨어진 웅진성(공주)을 새 도읍으로 삼고 버텼습니다. 지형도를 들여다보면 알 수 있듯 공주는 한 나라의 도읍으로 삼기에는 좁다는 느낌을 주는 분지에 자리 잡고 있습니다. 사방이 해발 200~500미터 정도의 구릉성 산지로 둘러싸여 있고, 그 가운데로 금강이 흘러갑니다. 바로 이 금강 때문에 공주가 백제의 새로운 수도가 되었습니다.

백제 문화권 일대를 관통하는 금강

　　원래 근거지였던 한강 유역을 빼앗긴 백제는 한강, 낙동강과
함께 우리나라 3대 강으로 불리는 금강의 유역에 새로운 터전을
일구었습니다. 금강은 지천만 스무 개가 넘고 굴곡도 아주 심한
강입니다. 그런데 그 많은 지천들이 하나로 모여서 마침내 큰 줄
기가 되어 흘러가기 시작하는 곳이 바로 공주이죠. 공주는 금강
물길의 종합 터미널이자 출입구, 그리고 통제소인 셈입니다. 이
렇게 되면 사방이 산으로 둘러싸여 있다는 것은 오히려 장점이
됩니다. 안쪽 지역이 넓은 평야가 아니라 언덕이 많은 구릉지대
라 농사지을 만한 땅이 많지 않고 큰 궁전이 들어설 자리와 많은
신하와 백성이 생활할 만한 큰 터가 없다는 문제는 있지만, 위기

에 처해 있었던 백제의 상황상 임시 수도로 삼기에는 알맞은 곳이었습니다.

실제로 웅진 시대 백제의 왕궁 터로 추정되는 곳은 경사가 급한 해발 100~200미터의 산으로 둘러싸인 공산성에 자리 잡고 있습니다. 그리 넓지 않은 분지를 도읍으로 삼고 다시 그 안에서 분지를 찾아 궁을 지을 정도였으니, 당시 백제가 군사적으로 위급한 상황이었음을 짐작할 수 있지요.

실제로 백제가 웅진에 도읍한 기간은 475년에서 538년까지 63년에 불과합니다. 그리고 그 63년 내내 밖으로는 북방에서 내려오는 고구려의 침공 위협, 안으로는 같은 부여계 귀족들 간의 갈등과 이 지역 토착 세력인 마한 계열 귀족과의 갈등에 시달렸지요. 개로왕, 문주왕, 동성왕까지 세 명의 왕이 잇따라 살해당할 정도였습니다.

이 혼란을 수습하고 백제를 다시 일으킨 왕이 바로 무령왕입니다. 공주 하면 제일 먼저 떠오르는 문화유산인 무령왕릉의 주인이죠. 501년에 왕위에 오른 무령왕은 백제 왕실이 약해진 틈을 타서 반항하던 옛 마한 세력과 서쪽으로 진출하려던 가야 세력을 제압하고 오히려 섬진강 유역까지 새로 획득하는 등 제2의 전성기를 열었습니다. 이렇게 백제의 부흥을 이끈 무령왕이 523년에 세상을 떠난 뒤 안장된 무령왕릉은 백제 고분들 중 무덤 주인이 누구인지 확인할 수 있는 유일한 고분이자, 또한 우리나라 고분 중 가장 훌륭하고 정교한 고분으로 국보만 열두 개가 발굴된 곳입니다. 무령왕릉과 그 부장품만으로도 공주의 문화적 가치는 엄청납니다.

그런데 무령왕이 백제의 전시 비상 시국을 마무리하면서 수도로서 공주의 역할도 다하고 말았습니다. 그리하여 무령왕의 아들 성왕은 넓은 평야를 확보할 수 있는 사비성, 즉 오늘날 부여군으로 다시 한번 수도를 옮겼지요. 하지만 수도가 옮겨 갔다고 해서 웅진성의 중요성이 떨어진 것은 아니었습니다. 금강 물길의 허브라는 위치, 그리고 방어에 유리한 지형 덕분에 웅진은 백제의 수도 자리에서 물러난 뒤에도, 또 백제가 멸망하고 신라 영토가 된 이후에도 웅주라 불리며 군사·교통 요지로서 중요한 지위를 누렸습니다. 그러다 웅주라는 이름이 곰주, 그리고 다시 공주로 바뀐 것입니다.

왜 웅주가 곰주가 되었냐 하면 웅진이라는 지명이 인간 남자와 이루어질 수 없는 사랑을 한 끝에 금강에 몸을 던져 최후를 맞이한 곰의 설화에서 유래했기 때문입니다. 이 곰이 몸을 던진 곳을 곰나루라 불렀는데 이것을 한자의 곰 웅熊, 나루 진津으로 적은 것이 웅진이었죠. 후에는 웅 자를 곰으로 되돌려 곰주라 부르게 되었다가, 이것이 다시 변형된 공주가 최종적인 명칭으로 자리잡은 것입니다. 그래서 지금도 공주시는 도시를 상징하는 마스코트로 곰 캐릭터를 사용합니다.

공주는 고려 시대와 조선 시대를 거치면서 계속 청주와 더불어 충청도를 대표하는 도시라는 지위를 누렸습니다. 임진왜란 이후에는 방어에 유리한 요새 도시를 도읍으로 삼아야 한다는 여론이 높아 청주에 있던 충청감영이 공주로 옮겨 왔고, 이후 1932년 대전에 그 지위를 내어 주기 전까지 300년간 충청도의 도청 소재지로서 지역 교통·경제·행정의 중심지로 기능했습니다.

공주시의 마스코트인 고마곰과 공주

하지만 철도와 도로 등 근대 교통수단이 발달하면서 공주의 전성기가 막을 내렸습니다. 금강이 더 이상 고속도로의 역할을 하지 못하게 되었고, 금강 물길의 터미널이었던 공주도 더 이상 교통 요충지로서의 지위를 누릴 수 없게 되었죠. 충청도의 중심지는 철도와 고속도로가 교차하는 대전과 천안으로 바뀌었습니다. 지금은 세종과 대전이라는 광역도시 사이에 끼여 있는 상황입니다. 일자리가 이 두 도시에 집중되다 보니 인구도 계속 유출되어 2025년 현재 공주시 인구는 10만 명을 살짝 넘는 지방 소도시 수준입니다. 2013년에도 11만명 수준이었던 것을 감안해 지방소멸 위기의 시대에 이만하면 선방한 것에 가깝다고도 할 수 있겠지만, 수백 년간 충청도의 중심지였다는 사실이 믿기지 않을 정도죠. 더구나 그중 30퍼센트가 65세 이상의 연령층으로 고령화도 심각합니다.

하지만 세종, 대전과 가깝다는 점이 역설적으로 이 지역의 희망이기도 합니다. 세종은 우리나라의 행정 수도이고 대전은 중부

권의 중심 도시입니다. 두 도시 모두 앞으로도 계속 성장할 가능성이 큽니다. 그렇다면 땅값 역시 계속해서 올라가겠지요. 그런데 공주에서 세종특별자치시, 그리고 대덕산업단지까지는 출퇴근이 얼마든지 가능합니다. 따라서 집값이 싼 공주에 거처를 마련하고 세종이나 대전으로 출퇴근하려는 인구가 유입될 가능성이 큽니다.

백제의 꿈이 깃든 부여군

다시 백제의 역사로 돌아와서, 성왕 대에 들어 국력을 상당수준 회복한 백제는 요새 도시인 웅진을 떠나 넓은 평야 지역에 자리 잡은 사비성(부여)으로 도읍을 옮겼습니다. 성왕은 도읍만 옮기는 정도가 아니라 나라의 이름도 남부여로 바꾸었습니다. 이는 백제 왕실의 뿌리가 만주 벌판을 지배했던 국가인 부여라는 사실을 강조한 것이지요. 고구려 역시 부여에 기원을 둔 나라이니, 고구려와의 대등한 관계, 그리고 한반도 남쪽에서의 압도적인 위상을 과시하려는 이름입니다. 오늘날 이곳이 부여군이 된 유래 역시 여기에 있습니다.

이후 사비성은 멸망하는 그날까지 백제의 수도였습니다. 보통 백제 문화권이라고 하면 제일 먼저 떠올리는 곳도 이곳입니다. 지형을 보면 부여는 산속에 자리 잡은 공주와 달리 넓은 평야 한복판에 자리 잡고 있음을 알 수 있습니다. 물론 부여 역시 분지이기는 하지만 산으로 둘러싸인 평지가 공주보다 훨씬 넓습니다. 심지어 신라의 서라벌(경주)보다도 더 넓습니다. 또 농사가 잘되

부여에서 출토된 국보 제287호 백제금동대향로

는 호남평야, 논산평야에서 손쉽게 물자를 들여올 수 있지요.

이렇게 풍부한 물자가 드나들 수 있고, 넓은 터를 가진 부여는 백제의 부흥과 함께 대도시로 성장하였습니다. 한창 번성할 때는 13만 호가 넘는 인구를 자랑했다고 합니다. 1호라는 단위가 정확히 몇 명을 가리키는지 오늘날 확인하기는 어렵지만, 적어도 부부와 자녀들로 구성된 단위이니 다섯 명 정도는 되었을 것입니다. 그렇다면 인구 70~80만 명 규모의 대도시였다는 뜻이 되지요. 부여군의 오늘날 인구인 6만 명은 물론, 근대 이후 인구가 가장 많았던 1960년대의 19만 명보다도 훨씬 많습니다. 통일신라 전성기 때 경주 인구가 17만 호라고 했으니, 그 못지않게 거대한

169

백제 문화권에서 출토된 연꽃 무늬 기와 수막새

고대 도시가 자리 잡았던 곳입니다.

하지만 그랬던 부여라고 해도 앞에서 이야기했듯이 경주 수준의 역사 기행을 기대하고 방문하면 실망하기 쉽습니다. 백제 유적이 많이 남아 있지 않기 때문입니다. 가령 부여를 대표하는 백제 유적인 정림사지는 넓은 공터에 탑 하나만 달랑 남아 있습니다. 물론 정림사지오층석탑이 우리나라 석탑을 대표하는 걸작임은 두말할 나위 없는 사실이지만, 그래도 경주의 불국사와 비교하면 허전한 느낌을 주는 것이 사실이죠. 백제 정원 양식을 잘 보여 준다는 궁남지도 그 규모에서 경주의 동궁과 월지(안압지)에 비할 바가 못 됩니다.

공주야 백제의 수도였던 기간이 짧고, 또 전쟁 중 임시 수도에 가까웠지만, 122년간 안정적인 수도로서 번창했던 부여에 이처럼 유적이 적은 것은 왜일까요? 백제가 나당 연합군의 공격으로 멸망할 당시 초토화를 당했기 때문입니다. 당나라는 백제의 수많은 궁전과 건물을 불태웠을 뿐 아니라 왕, 귀족, 그리고 백성들까지 잡아갔습니다. 완전한 유령도시를 만들어 버린 겁니다. 그리고 옛 건물이 불탄 자리에 이후 새 건물들이 들어서면서 본래 사비성의 모습은 사라져 버린 것이죠.

하지만 실망하기는 이릅니다. 비록 땅 위의 유적은 불타고 무너졌지만 땅속에서 오랜 세월을 견뎌 낸 유물들이 발견되고 있으니까요. 대표적인 예가 바로 진흙 속에서 발굴된 어마어마한 걸작, 국보 제287호 백제금동대향로입니다. 지금도 부여는 땅만 파면 문화재가 자꾸 나오는 바람에 도시 개발과 발전이 어렵다고 합니다. 대신 국립부여박물관의 소장품은 해마다 풍성해지고 있습니다. 특히 불에 타지 않는 기와와 벽돌이 아주 많이 남아 있다고 하지요. 백제의 기와와 벽돌은 그 무늬가 섬세하고 아름다워, 찬란했던 백제의 문화를 엿볼 수 있습니다.

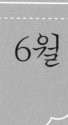

6월

민주주의와
비엔날레로
빛나는 고을

광주

해 뜨기 전 밤이 가장 어둡다는 말이 있지요. 빛고을 광주는 그 빛을 내기까지 길고 짙은 어둠을 견딘 도시입니다. 어둠을 버티고 이윽고 아침을 맞이한 도시는 오래도록 빛나는 법입니다.

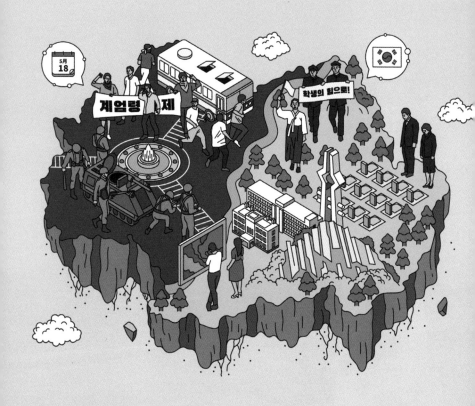

	인구	면적	키워드
광주광역시	1,407,097명	431km²	권율 장군, 항일운동, 민주 항쟁, 지역 차별, 비엔날레

1987년 6월에 되어난 1980년 5월의 광주

2023년 말 개봉한 영화 〈서울의 봄〉의 관객이 1,000만 명을 돌파했습니다. 코로나19가 극장가를 휩쓴 뒤로는 처음 1,000만 관객이 든 영화이죠. 역사 자체가 '스포일러'이기 때문에 그 내용은 우리 모두 이미 알고 있습니다. 그리고 신군부 군사독재 정권을 다시 몰아내고 우리나라가 민주주의를 회복한 날이 언제인지도 알고 있죠. 바로 1987년 6월입니다. 1987년 6월 10일에 민주항쟁이 일어났고, 전국적인 저항의 물결 앞에 군사독재 세력이 물러남으로써 대한민국은 민주주의를 되찾았습니다.

이러한 6월항쟁의 뿌리에는 박종철 열사의 죽음과 5·18 민주화운동이 있습니다. 1987년만 하더라도 우리나라는 국민이 대통령을 직접 뽑을 수 없었습니다. 선택된 일부 사람들이 대통령을

뽑았죠. 그래서 독재가 가능했고, 대통령이 다음 대통령을 지목하는 일도 있었습니다. 대학생을 중심으로 한 지식인들은 이를 두고 볼 수 없어 대통령 직선제를 요구하는 민주화 운동을 몇 년이고 이어 나갔습니다.

서울대학교 언어학과에 재학 중이던 박종철 열사도 이 지식인 중 한 명이었습니다. 하지만 1987년 1월 경찰에 연행된 이후 고문을 받다 그만 목숨을 잃고 말았죠. 그리고 이 사실이 1987년 5월 18일 명동성당에서 열린 5·18 민주화운동 7주년 미사에서 밝혀지면서 6월항쟁이 불타올랐습니다. 1980년 광주에서 퍼진 민주화의 씨앗이 조금씩 움터, 박종철 열사의 의로운 죽음을 계기로 7년 만에 민주주의로 꽃핀 것입니다. 민주주의를 염원하던 많은 대학생과 시민들은 "5월 그날이 다시 오면, 우리 가슴에 붉은 피 솟네." 하고 노래하며 거리를 행진했습니다.

5·18 민주화운동은 박정희 대통령 사망 이후 전두환이 정권을 이어 잡으려 하자, 더 이상 민주주의를 빼앗길 수 없던 시민들이 들고일어난 사건입니다. 그 당시 희생자가 너무도 많았고 그 인원은 아직도 정확히 확인된 바 없습니다. 오랜 시간 끝에 희생자로 밝혀진 이들은 광주시 북구 운정동에 있는 국립5·18민주묘지에 잠들어 있죠.

5·18 민주화운동 희생자들이 처음부터 공을 인정받은 것은 아닙니다. 광주의 참상이 밝혀지면 자신의 명예가 실추될 거라

1980년 5월, 광주 금남로를 중심으로 이루어진 민주화 운동

생각한 정치인들이 제대로 된 부검과 장례식조차 없이 희생자들의 시신을 서둘러 매장해 버렸지요. 국립5·18민주묘지의 잘못된 별칭인 '망월동 묘지'가 바로 이 매장지였던 시립묘지를 가리키는 이름입니다. 그러나 시간은 진실의 편입니다. 1992년 이후 진상이 밝혀져 5·18 민주화운동 희생자들은 공을 인정받고, 이들을 정식으로 안치하고자 국립묘지를 조성하게 된 것입니다. 이렇게 조성된 국립5·18민주묘지는 1979년 부마민주항쟁 희생자를 기

리는 창원의 국립3·15민주묘지, 4·19 혁명 희생자를 기리는 서울의 국립4·19민주묘지와 더불어 우리나라의 3대 민주 묘지 중 하나이며, 가장 규모가 큽니다.

나라를 구하고 또 구하고

광주라는 이름은 고려 초기 940년 기록에 처음 등장합니다. 그 전에는 무진주 혹은 무주라고 불렸는데, '물과 평야'라는 뜻의 한자를 소리만 따서 붙인 이름입니다. 그러다 어떤 사연인지 고려 시대부터 '빛고을'이라는 뜻의 광주로 불리기 시작한 거죠. 보면 볼수록 정말 찰떡인 이름입니다. 광주는 1980년 5월 18일 이전에도 나라를 위기에서 구한, 빛과 같은 고장이니까요.

1,000년 전 제2차 고려거란전쟁 때 고려 수도 개경은 무참히 함락되고 말았습니다. 이런 상황에서 고려 현종은 호족에 배신당해 오갈 곳 없이 떠도는 신세가 되었죠. 그러던 그가 몸을 피하고 힘을 보충한 곳이 광주입니다. 정확히 말하면 광주 인근 고을인 나주에 머물렀지만, 그 시절에는 광주가 나주목에 포함되어 있었기에 아예 틀린 말은 아닙니다.

조선 최대 위기였던 임진왜란 때 나라를 되찾은 힘도 광주에서 나왔습니다. 이순신 장군이 바다에서 승전보를 올리고 있었으나 땅에서는 왜군을 몰아내지 못하던 시기, 조선 육군은 연이은 패전으로 궤멸 직전이었습니다. 이때 광주 목사 권율 장군이 전라도 의병들과 힘을 합쳐 왜군을 격파했죠. 그리고 북쪽으로 쭉쭉 올라가 행주산성에서 왜군에게 결정적인 타격을 가하여 한양을 되찾았습니다. 요컨대 광주 사람들이 수백 리를 올라가 한양을 구한 것입니다. 그 당시 권율 장군 아래에 한 용감한 소년이 있었습니다. 이 소년은 왜군을 뚫고 멀리 의주까지 가 임금에게 승전 소식을 전했다고 하지요. 그 후 훌륭한 장군으로 성장했는데, 바로 금남군 정충신 장군입니다. 광주의 중심인 금남로의 이름이 바로 정충신 장군의 호 '금남군'에서 비롯됐습니다.

일제강점기에도 광주가 일어섰습니다. 3·1 운동 이후 그럴듯한 움직임이 없어 국내 독립운동이 침체됐던 시기, 광주학생항일운동이 일어났죠. 1929년 11월 3일에 시작된 광주학생항일운동은 3·1 운동 이후 국내에서 일어난 가장 큰 규모의 독립운동입니다. 일제의 폭압에 맞서 용감하게 일어난 광주 학생들의 소식이 전국으로 퍼졌고, 사그라들던 독립운동의 불씨가 다시 살아날 수 있었습니다.

보답 받지 못한 광주

중요한 순간마다 빛이 되어 나라를 구한 도시 광주. 하지만 조선 시대에는 편견 어린 시선을 받았고 현대에 들어서는 경제 발전에서 소외당한 도시였습니다. 이중환은 『택리지』에서 전라도 사람을 다음과 같이 폄하하기도 했죠.

> 풍속이 음악과 여자, 그리고 사치를 숭상하고, 경박하고 교활한 사람이 많으며 학문을 중시하지 않는다. 따라서 과거에 급제하여 이름을 알린 사람이 경상도보다 적다.

사실 이중환은 막상 전라도에 가 본 적도 없고, 이를 당당히 밝히고 있기까지 합니다. 전라도 전체를 싸잡아 비난한 것은 아니어서 전주, 김제, 구례, 남원에 대해서는 대체로 우호적으로 썼습니다. 하지만 영산강 일대인 광주, 나주를 다루는 대목에 이르러 이렇게 쓰고 말았습니다.

> 나라의 가장 남쪽에 위치하여 지방 물산이 풍부하며, 산골 고을이라도 냇물로 관개하는 까닭에 흉년이 적고 수확이 많다.
> ⑴ 그러나 지금은 외지고 풍속이 더러워 살 만한 곳이 못 된다.

'풍속이 더럽다.' 어찌 한 지역을 이렇게 묘사할 수 있을까요? 이는 비단 이중환만의 문제는 아니었을 겁니다. 그 당시부터 이 지역에 대한 편견이 얼마나 깊게 뿌리 박혀 있었는지를 보여 주는 사례라고 할 수 있겠지요. 호남 지방, 특히 광주와 전남 지역에 대한 이와 같은 차별은 대체 언제, 그리고 왜 시작된 것일까요?

경상도를 기반으로 하는 신라가 삼국을 통일하고 백제가 패배자가 되었기 때문이라는 주장도 있습니다. 하지만 흔히 생각하는 것과 달리 백제는 전라도가 아니라 경기도와 충청도를 기반으로 한 나라였습니다. 백제의 세 수도(한성, 웅진, 사비) 중에도 전라도 도시는 없죠. 충청도 지방 출신들은 고려, 조선 시대 내내 주류였습니다.

고려 태조가 남긴 유언인 「훈요십조」에서 전라도 차별이 시작되었다는 말도 있습니다. 이중환 역시 「훈요십조」를 언급하기도 하고요. 하지만 태조 왕건이 전라도를, 특히 자신의 세력 기반인 광주와 나주 지역의 사람들을 불신했다는 어떤 증거도 찾기 어렵습니다. 문제의 유언을 보면 이렇습니다.

> 차현 이남, 공주강(금강) 밖의 산의 모양과 땅의 세력이 모두 거꾸로 뻗쳤으니(왕성을 등지고 있으니) 인심도 또한 그러하다. 저 아래 고을 사람들이 조정에 참여해 왕후·국척과 혼인을 맺고 정권을 잡으면 나라를 어지럽히거나 통합의 원한을 품고 반란을 일으킬 것이다.
>
> 「훈요십조」, 고려 태조, 942

'차현'을 차령산맥이라고 해석한다면 이는 전라도를 부정적으

「훈요십조」를 집필한 고려 태조 왕건

로 묘사한 글이 맞게 됩니다. 차령산맥 남쪽이 곧 호남 지방이니까요. 하지만 「훈요십조」에서 말하는 차현은 오늘날의 차령산맥과는 다른, 보다 북쪽에 위치한 고개를 가리키는 말이며, 따라서 "차현 이남, 공주강 밖" 역시 전라도가 아니라 충청남도 남부 지방을 가리키는 표현이라는 것이 정설입니다.

조선 시대 광주를 비롯한 전라도가 편견에 시달린 진짜 계기는 1589년의 기축옥사, 이른바 정여립의 모반 사건입니다. 선조가 왕위에 오르기 전까지 조선 조정은 훈구파가 잡고 있었습니다. 그러나 선조 즉위 이후 훈구파가 저물고 사림이 정치를 휘어잡기 시작했죠. 그들은 훈구파의 잘못을 바로잡는 데 힘을 쏟았습니다. 그러다 어떻게 바로잡을 것인가를 두고 의견이 갈려 서인과 동인으로 무리가 갈렸고, 두 무리는 화합하기는커녕 서로 날 세우기 급급했습니다.

그러던 중 선조 앞에 전라도 전주에 사는 동인, 정여립이 모반을 일으키려 한다는 보고서가 올라왔습니다. 이후 선조의 명령으로 서인들은 동인을 마구 잡아들였습니다. 진짜로 모반을 꾀했는지 여부와 상관없이 전라도 출신 재상은 죽거나 벼슬에서 물러나야 했지요. 그로부터 7년 후 이몽학의 난이 일어났을 때 또 광주의 유지들이 불미스럽게 얽히면서 전라도 지역은 아예 조정 눈 밖에 나고 말았습니다.

편견과 편견이 거듭되어

그렇다면 오늘날의 지역감정도 위와 같은 조선 역사와 관련이 있는 것일까요? 그렇진 않습니다. 경상도와 전라도 사이 갈등으로 대표되는 지역감정은 1970~1980년대에 시작했죠. 1962년부터 1981년까지 우리나라의 경제개발은 정부가 주도했습니다(경제개발5개년계획). 정부는 농업 중심이던 산업 환경을 제조업 중심으로 바꾸고, 공산품 수출을 높이는 데 총력을 기울였습니다. 계획이 성공하면서 우리나라는 연평균 성장률 7.9퍼센트라는 어마어마한 기록을 세우며 경제를 일으킬 수 있었죠.

그러나 여기서 광주를 비롯한 전라도는 소외되었습니다. 수출에 집중하다 보니 태평양에 가까운 경상도 해안 지방에 공장이 들어서고 수도권과 오갈 수 있는 교통 인프라도 경상도에 먼저, 많이 구축되었습니다. 호남평야를 필두로 우리나라의 농업을 이끌던 전라도는 국가 중심 산업이 1차에서 2차로 바뀜에 따라 발전이 뒤처지고 말았습니다.

엎친 데 덮친 격으로 경제개발 중 정부는 곡식 가격을 의도적으로 낮게 책정했습니다. 한국의 제조업이 흥할 수 있었던 것은 노동자의 임금이 낮은 덕분이었고, 노동자가 낮은 임금에도 살 수 있으려면 식비가 낮아야 했으니까요. 전라도의 농업 종사자들은 가난을 벗어나기 어려웠습니다. 가난을 견디다 못한 농민들은 논밭을 팔고 고향을 떠나 공장이 있는 수도권이나 경상도로 이주하고 말았죠. 이런 소외와 차별의 씨앗이 지역감정으로 싹튼 것입니다.

한편으로는 수도권과 경상도 출신 사람들이 상대적으로 가난해진 전라도 출신 사람들을 보며 지역 자체에 대해 부정적인 편견을 가지는 폐단도 발생했습니다. 일상생활에서까지 종종 전라도 출신 사람들에 대한 차별적 대우가 나타나기도 했지요. 가난

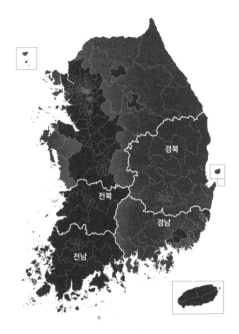

제22대 국회의원 선거 결과. 여권 정당(빨간색)과 야권 정당(파란색)을
지지하는 지역이 뚜렷하게 구분된다.

에서 비롯된 문제를 기질이나 인격에서 비롯된 문제로 착각한 탓
입니다.

　이렇게 전라도가 소외되는 와중에도 광주의 인구는 오히려
빠르게 늘었습니다. 농사를 포기한 사람들 중 전라도에서 가장
큰 도시인 광주에 정착한 사람이 많았기 때문입니다. 8만 명이 되
지 않았던 광주 인구는 20년도 지나지 않아 일곱 배나 늘어났습
니다. 그러나 광주는 서울이나 경상도 산업도시에 비해 일자리가
턱없이 모자랐고, 도시 기반 시설도 갑자기 늘어난 인구를 감당

185

하기에는 부족했습니다. 그 결과 광주는 인구만 많을 뿐 다른 지역 대도시에 비해, 특히 수출 산업이 집중된 경상도 지역 대도시에 비해 생활 환경이 열악한 도시가 되었죠. 이 역시 광주 시민들에게 소외감을 안겨 주었습니다.

그런데 하필 5·18 민주화운동 당시 수많은 광주 시민을 학살하고 권력을 잡은 신군부 세력의 주요 인물들 중 압도적 다수가 경상도 출신이었습니다. 소외감은 분노로 바뀌었고, 1980년대 내내 신군부의 발아래 억눌려 있던 그 분노는 한이 되었습니다. 대한민국은 광주에 진 많은 빚을 제대로 갚지 않았고, 대신 깊은 상처와 한을 남겼습니다.

화해와 창조의 빛으로

지금까지 이야기를 보면 광주는 한이 서린 도시일 것만 같습니다. 그러나 실상은 전혀 다릅니다. 아픈 역사에도 불구하고 여유롭고 따뜻한 도시 분위기를 자랑하며, 민주 정신의 용광로를 자처합니다. 광주를 상징하는 무등산은 모난 곳 없이 둥글둥글합니다. '무등'이란 평등이 너무나 당연해서 평등이란 개념조차 사라진 상태를 일컫는 불교 용어인데, 산 모양을 보면 과연 이런 이름이 붙을 법하다며 감탄하게 됩니다. 광주 분위기도 무등산과 닮았습니다. 도시가 둥글둥글 여유롭고 멋스럽죠.

둥글고 완만한 모양새로 광주를 상징하는 무등산

여기에는 예술의 힘도 한몫합니다. 광주는 인구 중 문화·예술인 비율이 다른 도시보다 높아 예향藝鄉이라고도 불리며 이 명성에 부합하듯 2년에 한 번씩 세계 곳곳의 예술가들을 불러모으는 광주비엔날레를 개최합니다. 이는 아시아 최초의 비엔날레로, 전통 회화 미술뿐 아니라 비디오아트, 미디어아트 등의 현대미술도 깊게 다루어 지구촌 미술 애호가들의 주목을 받지요.

한편 광주의 심장과도 같은 국립5·18민주묘지에 방문하면 광주 사람들이 한스럽고 아픈 역사를 민주주의 정신으로 승화하고 있다는 점을 느낄 수 있습니다. 매해 5월 18일에는 보수와 진보, 여당과 야당을 가리지 않고 정치인과 시민들이 찾아와 5·18 민주화 운동 희생자들을 기립니다.

이 도시는 경제 발전 소외의 그림자에서도 벗어나고 있습니다. 2000년대 이후 광주는 울산과 더불어 우리나라를 대표하는 자동차 생산 도시가 되었죠. 그 밖에도 반도체 공장, 화학 공장, 타이어 공장, 가전 공장 등이 자리해 산업 기반을 튼튼히 다지고 있습니다.

광주는 이제 우리나라의 빛고을을 넘어 세계 무대에서 더 빛나길 꿈꿉니다. 문화 예술 분야에서는 물론, 인권 신장과 민주주의 정신을 알리는 세계적인 도시로 도약하려 하죠. 5·18 민주화 운동 당시 광주는 완전히 봉쇄되어 물자가 부족했습니다. 무엇보다 식량이 바닥나고 있었죠. 이때 시민들은 쌀을 조금씩 모아 함께 주먹밥을 지어 나눠 먹었습니다. 이를 계기로 광주 주먹밥은 시민 연대와 민주주의를 상징하게 됐죠. 광주의 주먹밥은 어디까지 전해질 수 있을까요? 광주의 빛이 오래도록 멀리 퍼지길 기원합니다.

2년마다 전 세계의 예술인과 관람객이 모여드는 광주비엔날레

189

비범한
성장세의
수도권
막내 도시

춘천

성장세가 범상찮은 지방 도시가 있습니다. 서울과 가까우면서도 풍경이 아름답고 살기에도 좋고 놀기에도 좋은 도시, 바로 춘천 이야기입니다. 오늘은 강원도의 중심, 춘천으로 떠나 볼까요?

	인구	면적	키워드
춘천시	285,864명	1,117km²	낭만, 호수, 경춘선, 예맥, 수도권

낭만에 죽고
낭만에 사는 도시

　우리나라는 비가 연중 고르게 내리지 않고 여름철에 집중적으로 쏟아집니다. 그중에서도 장마철의 한가운데인 7월에 1년 중 가장 많은 비가 내립니다. 1년 강수량의 3분의 1 이상이 한 달 사이에 내리는 경우도 있지요. 하지만 그렇게 비가 쏟아지다가도 오랜만에 해가 나는 날이면 나들이를 나온 사람들로 교외가 북적입니다. 비 때문에 위축되고 답답했던 마음을 풀 곳을 찾아 경치 좋고 시원한 곳을 찾는 것이죠.

　대학 학번이 8로 시작하는, 즉 1980년대에 대학 생활을 한 사람들에게 춘천은 각별한 도시입니다. 낭만이 떠오르는 추억의 도시죠. 7월 여름방학이 되면 대학생들은 춘천으로 나들이를 떠나곤 했습니다. 아무 계획 없이 서울의 청량리역에서 춘천행 경춘선 열차에 무작정 올라타던 청춘들이었죠. 춘천에 도착해도 막상 특별히 갈 곳은 없었습니다. 그저 기차를 타고 춘천을 간다는 것 자체가 중요했던 것이죠. 공지천 유원지에서 호수를 바라보며 식사를 하거나 차를 마신 뒤 다시 기차를 타고 돌아오는 것이 전부인 나들이도 있었습니다. 이것만으로도 답답한 가슴이 조금이나마 뚫리는 듯했습니다. 이런 기억들 덕에 춘천은 '낭만의 도시'라는 별칭을 얻었습니다. 춘천시도 이런 사정을 알고 있던 것인지, 2015년부터 '로맨틱 춘천'이라는 표어를 내걸고 있습니다.

춘천의 또 다른 별칭은 '호반의 도시'입니다. 낭만과 떼려야 뗄 수 없는 춘천의 명물, 호수 덕분에 생긴 이름이죠. 춘천은 유독 호수가 많은 도시입니다. 춘천 시내에서 의암호가 바로 보이고, 그 밖에 춘천호, 파로호, 소양호 등 큰 호수들이 있습니다. 이 지역에 댐을 쌓아 생긴 인공호수이지요. 광활한 공간에 물이 고요히 고여 있는 풍경은 사람들에게 심신의 안정을 선사합니다. 이런 춘천의 특색을 살려 호수 주변에는 관광지가 즐비합니다. 이름부터 '강의 마을'이란 뜻의 강촌, 역사와 전통을 자랑하는 데이트 코스 공지천 유원지, 그리고 레고랜드가 들어선 중도 유원지 등이 대표적이죠.

그에 더해 춘천은 학창 시절 누구나 한 번쯤 읽어 보았을 김유정 작가의 소설 「동백꽃」과 「봄봄」의 무대이기도 합니다. 두 작품 모두 봄을 배경으로 하고 있어서 그런지, 봄바람이 살살 불어올

춘천시 신동면에 위치한 경춘선 김유정역

때면 춘천의 여유로운 풍경이 떠오르곤 합니다. 김유정의 생가와 그의 작품의 배경이 된 마을 길, 산길이 지금도 그대로 남아 있습니다. 우리나라의 문학작품 중 그 배경이 된 지역을 이 정도로 잘 보존하고 있는 곳은 『토지』의 무대인 평사리와 함께 이곳 김유정 문학촌뿐일 것입니다. 아예 그의 이름을 딴 경춘선 기차역인 김유정역도 있지요.

2010년 이전에는 청량리에서 춘천까지 통일호, 무궁화호 열차가 단선철도를 따라 달렸습니다. 오늘날의 전철과 다르게 하나의 선로를 상행선과 하행선이 함께 쓴 것이죠. 당연히 이 열차는 배차 간격이 길었을뿐더러 출발지부터 목적지까지 가는 시간이 길었고, 급행을 타도 서울 청량리에서 남춘천까지 가는 데 두 시간이나 걸렸습니다. 그러나 느리다고 불평하는 승객이 한 명도 없었습니다. 애초에 빨리 가는 게 중요하지 않았으니까요. 그럼 뭐가 중하냐고요? 열차 차창 밖으로 보이는 아름다운 산과 강의 풍경… 아니, 그냥 경춘선에 타고 있다는 것 그 자체가 중요했습니다. 적어도 서울에서 청춘을 보내는 젊은이들에게는 그랬지요. 연인과 함께, 동아리 선후배와 함께, 학과 동기들과 함께, 군 생활을 함께하는 전우와 함께 천천히 풍경과 낭만을 공유하는 경험이 경춘선이 선사하는 가장 큰 선물이었습니다.

낭만이 필요했던 슬픈 이유

춘천이 낭만의 도시로 떠오르기 시작한 시점이 1970년대 중반에서 1980년대 초반이라는 사실에 주목할 필요가 있습니다. 18세기 프랑스의 대표적인 계몽주의 사상가 볼테르는 "신이 없다면, 하나 만들기라도 해야 한다."라는 도발적인 말을 했는데, 1970~1980년대 한국은 낭만이 없다면 하나 만들고자 고군분투하던 시대였죠. 우리나라 역사상 가장 권위적이고 억압적이었던 유신 시대였기 때문입니다.

정확히는 1972년부터 1979년까지였던 유신 시대는 입법, 행정, 사법 3권을 대통령이 모두 움켜쥐고, 시민의 집회·시위·언론·출판·학문의 자유를 극도로 제한했습니다. 경찰이 길거리에서 사람들의 머리 스타일과 옷차림을 단속하는 것도 예삿일이었어요. 심지어 머리가 너무 길다며 길거리에서 경찰이 시민의 머리카락을 댕강 자르는 일도 있었습니다. 다 큰 어른의 용모를 단속하다니, 인권을 침해한다는 이유로 청소년 머리와 복장 검사도 하지 않는 지금은 상상도 못 할 일입니다.

이런 시대를 견뎌야 했던 젊은이들은 얼마나 답답했을까요? 당시 이런 젊은이들의 답답함과 출구 없는 방황을 그려 낸 하길종 감독의 영화 〈바보들의 행진〉(1975)이 큰 반향을 일으키기도 했습니다. 최인호 작가의 동명 소설을 영화로 만든 이 작품은 온전한 형태로 상영되지는 못했습니다. 시민의 머리카락도 자르는 정권이 영화를 가만둘 리 없죠. 무자비한 검열로 30분이 넘는 분량이 잘려 나가고 말았습니다. '젊은이들이 목표 의식 없이 방황하는 모습을 묘사하는 것 역시 퇴폐풍조를 유포함으로써 적을 이롭게 하는 이적 행위이다.'라는 어이없는 논리에서였습니다. 젊은이는 무조건 명랑하고 건강한 모습으로 묘사되어야 한다는 것이죠.

영화의 분량이 상당히 잘려 나간 것은 물론, 영화에 삽입되었던 노래들도 금지곡이 되었습니다. 장발 단속을 피해 도망치는 장면에 나왔던 노래 〈왜 불러〉(1975)는 공권력에 대해 반항심을 심어 준다는 이유에서, 주인공 중 한 사람이 절망 끝에 동해 바다에

유신 시대 청춘들의 방황을 그려 낸 〈바보들의 행진〉

투신하는 장면에서 나왔던 노래 〈고래사냥〉(1975)은 비관주의를 부추긴다는 이유에서였습니다. 〈고래사냥〉의 가사는 원작 소설 작가인 최인호가 직접 쓴 것이었습니다.

술 마시고 노래하고 춤을 춰 봐도 가슴에는 하나 가득 슬픔뿐이네

무엇을 할 것인가 둘러보아도 보이는 건 모두가 돌아 앉았네

자 떠나자 동해 바다로 삼등 삼등 완행열차 기차를 타고

간밤에 꾸었던 꿈의 세계는 아침에 일어나면 잊혀지지만

그래도 생각나는 내 꿈 하나는 조그만 예쁜 고래 한 마리

자 떠나자 동해 바다로 신화처럼 숨을 쉬는 고래 잡으러

(…)

〈고래사냥〉, 송창식, 1975

왜 하필 고래를 잡으러 갈까요? 이는 낭만주의 문학의 걸작, 허먼 멜빌의 장편소설 『모비딕』(1851)과 관련이 있습니다. 『모비딕』의 주인공인 에이허브 선장은 모비딕이라는 거대한 고래를 추적하는 데 자신의 모든 것을 걸지만 결국 모비딕과 함께 목숨을 잃고 맙니다. 여기서 모비딕이라는 거대한 고래는 단지 한 마리의 고래가 아니라, 인간이 영원히 도달할 수 없지만 포기할 수 없는 꿈과 동경을 상징하지요.

1970년대 당시 젊은이들이 처한 상황이 바로 이와 같았습니다. 억압적인 유신 시대를 뒤집을 용기나 힘도 없고, 그렇다고 순응하며 살아가기에는 젊은 마음이 너무도 답답한 상황이었죠. 술, 노래, 춤과 같은 유흥으로는 달랠 수도, 잠재울 수도 없는 열망을 상징하는 것이 바로 머나먼 동해 바다의 고래인 것입니다. 그마저 모비딕처럼 거대하고 무시무시한 고래가 아니라 조그맣고 예쁜 고래였죠.

그런데 노래 가사처럼 실제로 동해 바다에 가려 해도, 당시 서울에서 동해안까지는 정말 먼 길이었습니다. 자동차로 하루 종

일을 달려야 했죠. 이 노래가 나왔던 당시에는 서울에서 동해까지 가는 고속도로가 없었기 때문입니다. 구불구불한 산길, 비포장 도로를 따라서 덜컹거리는 버스를 타고 가야 했습니다. 기차로도 하루 종일이 걸리는 것은 마찬가지였습니다. 그러니 노래에서나 갈 수 있지 정말 동해 바다로 가기는 쉽지 않았습니다.

그래서 춘천이 일종의 해방구로 사랑을 받았던 것입니다. 비록 바다만큼은 아니지만 드넓게 펼쳐진 호수가 있고, 강원도에 위치해 동해 바다까지 가는 길의 중간이기도 하고, "삼등 삼등 완행열차 기차를 타고" 갈 수 있었죠. 두 시간 정도 덜컹거리는 기차 여행은 부담 없이 훌쩍 떠나서 답답한 가슴을 달래고 오기에 적당한 코스였습니다. 비록 고래는 없어도 젊은이들에게 꽤 많은 위로가 되어 주었습니다.

청춘의 도시? 가장 나이 많은 도시

1980년대까지 춘천의 인구는 15만 명 정도로 전국의 모든 도청 소재지 중 가장 작았습니다. 그런데 이 작은 도시에 대학교가 무려 네 개나 자리 잡고 있어 3만 명이 넘는 대학생이 생활했습니다. 다섯 사람 중 한 사람이 대학생이었던 셈이죠. 여기에 대학원생과 교직원, 고등학생까지 보태면 세 사람 중 한 사람이 20대 청년이었습니다. 주말이면 낭만을 찾아온 수도권 젊은이들까지 더해져서 춘천은 그야말로 청춘의 도시가 되었습니다. 2012년에 개통한 경춘선 간선철도에 ITX-청춘이라는 이름이 붙은 것도 춘천의 이러한 특성을 반영한 것입니다. 청량리–춘천의 머리글자에서 따왔다고 볼 수도 있겠지만, 엄밀히는 이 열차의 출발역은 용산인데 'ITX-용춘'이라 하지 않는 이유가 있는 것이죠.

청춘과 낭만의 상징이라는 평가와는 별개로, 춘천은 우리나라 역사상 가장 오래된 도시입니다. 오래됐다고 하면 천년 고도 경주가 제일 아니냐고요? 놀랍게도 춘천이 경주보다 더 어르신 도시입니다. 경주는 삼국시대에 흥했던 도시인 데 비해 춘천은 무려 고조선 시대에 탄생한 도시이니 말입니다. 이중환의 『택리지』
에서도 말하고 있죠.

> 춘천은 인제의 서쪽에 위치해 있으며 한양과는 물길로나 육로로
> 나 200리 거리이다.
> ⑴ 옛 예맥의 천년 고도로 소양강과 맞닿은 땅이다.

여기서 예맥이란 우리 한민족이 형성되기 전에 존재했던, 북
방 계열 민족을 말합니다. "예맥의 천년 고도"란 고구려, 백제, 신
라가 정립되기 전에 세워진 북방계 민족의 나라라는 뜻이죠. 사
학자들은 이를 고조선 시대의 여러 소국 중 하나일 거라고 추
측하고 있습니다. 이 소국의 중심 도시가 오늘날의 춘천에 존재
했다는 겁니다. 그러니 춘천은 백제의 한성으로 떠오른 서울이
나 신라의 중심이었던 경주보다 더 유서 깊은 도시죠. 이 사실이
2014년 중도 유원지에서 거대한 청동기 유적지가 발굴되면서 입
증되었습니다. 발굴된 집터만 1,300개 이상이고 유물 개수는 이
루 헤아릴 수 없었습니다. 신석기시대 유물부터 고조선, 삼한, 고
구려, 신라 유물까지 골고루 발견되었죠. 중도 유원지 전체가 거
대한 타임머신이나 다름없었습니다.

문제는 이 유적지가 놀이동산 레고랜드 건설 공사 도중에 발
견되었다는 것입니다. 부랴부랴 공사를 중단하고 유물 발굴을 진

춘천시 중도에 조성되어 2022년 개장한 레고랜드

행했지만 유적지의 절반은 이미 파괴된 다음이었습니다. 더구나 문화재청(오늘날의 국가유산청)은 유적지 보존을 전제로 레고랜드 개발을 계속하도록 허가했습니다. 유적·유물이 나온 구간을 흙으로 덮어 공사를 진행하도록 말이죠. 그런데 실제로는 고운 흙이 아니라 크기도 재질도 제각각인 잡석으로 유적지를 덮고 공사한 사실이 드러났고, 이 문제는 아직도 속 시원히 해결되지 않았습니다. 잡석은 유적과 유물을 훼손할 수 있어 고고학자와 사학자들의 우려를 사고 있습니다. 레고랜드는 분명 춘천 지역 경제를 활성화하고 관광산업을 확대할 좋은 사업입니다. 하지만 유적지를 지키지 못하는 이유가 되고 있으니 이 갈등은 춘천이 앞으로 해결해야 할 과제로 남아 있습니다.

유서 깊은 도시, 그러나 수도권에서는 막내겠지

중도의 유적지를 보전할 것인지, 레고랜드를 중심으로 중도 관광지를 개발할 것인지는 쉽게 결론을 내기 어려운 문제입니다. 춘천의 정체성과 미래에 관련된 문제이니까요. 춘천은 다른 지방 도시들과 달리 인구가 꾸준히 늘고 있습니다. 특히 고령화 시대에 20~30대 인구가 증가해 주목받고 있죠. 이는 레고랜드를 비롯해, 퇴계동과 온의동 일대에 바이오·IT 기업이 속속 자리 잡으면서 일자리가 늘어 젊은 세대가 이주해 온 덕이 큽니다. 여러 대기업도 들어와 젊은 인구는 앞으로도 늘어날 예정입니다.

이렇게 많은 기업이 춘천에 들어온 까닭은 무엇일까요? 강원도의 중심이라서, 낭만의 도시라서, 신석기 유물이 나올 만큼 역사가 오래된 도시라서? 모두 틀렸습니다. 하루 안에 서울을 오갈 수 있는 전철이 다니고 서울양양고속도로가 개통되어 수도권과 가까워졌는데 땅값은 비교적 저렴하기 때문입니다. 그래서 춘천시는 최근 수도권의 막내로 여겨지곤 하지요.

춘천은 이를 발판으로 제2의 전성기를 맞을 수 있을까요? 그러려면 국가유산 보존과 지역 개발이 부딪히고 있는 레고랜드 갈등을 매듭짓고 수도권과 인접한 장점을 살리면서 많은 기업을 유치할 수 있어야 할 것입니다. 에너지 넘치는 막내이니 이를 모두 해낼 수 있기를 기대해 봅니다.

조상님들도
인정한
최고의 피서지

영동 지방

바야흐로 휴가철입니다. 사람들이 국내에서 가장 많이 찾는 휴가지가 어디일까요? 강원도에서 경상도까지 쭉 이어지는 동해안입니다. 태백산맥 동쪽, 즉 영동 지방은 유구한 여름 휴가지죠. 고성, 속초, 양양, 강릉, 동해, 삼척이 해당됩니다. 사람들이 휴가철 이곳에 몰리는 이유는 무엇일까요?

	인구	면적	키워드
고성군	26,920명	518km²	
속초시	80,754명	106km²	
양양군	27,470명	630km²	동해, 계곡,
강릉시	207,543명	1,041km²	피서, 명태,
동해시	87,571명	180km²	관광산업
삼척시	61,464명	1,188km²	

같은 강원도, 다른 기후

8월은 1년 중 가장 더운 달입니다. 하지만 활동하기에는 7월보다 오히려 낫습니다. 장마가 끝나고 맑은 날이 더 많아지기 때문이죠. 7월 더위가 높은 습도로 꿉꿉하고 끈적끈적한 찜통더위라면, 8월 더위는 뙤약볕이 내리쬐는 불볕더위입니다. 사실 8월 초면 24절기상으로는 이미 가을의 입구인 입추입니다. 장마철에 비하면 버틸 만하게 느껴지기도 하지요.

그래서인지 8월은 여름 중에는 야외 활동이 활발한 시기이고, 1년 중 직장인들이 휴가를 가장 많이 가는 시기이기도 합니다. 학생들은 한창 신나게 여름방학을 보내는 때이고 말이죠. 국토교통부가 실시한 '2023년 교통 실태 조사'에서도 전체 응답자의 50퍼센트 이상이 7월 29일에서 8월 18일 사이에 휴가를 떠난다고 답

전국에서 몰려든 피서객들로 붐비는 속초해수욕장

했습니다. 특히 그중에서도 7월 29일에서 8월 4일 사이는 응답자가 다른 주간의 두 배나 되었습니다. 이 시기를 관광업계에서 '극성수기'라 부르며 바가지라고 느껴질 정도로 비싼 요금을 책정하는 데도 그만한 이유가 있습니다.

그리고 이런 8월에, 국내의 수많은 휴가지 중 가장 많은 사람이 찾는 휴가지가 바로 강원도 영동 지방인 것입니다. 강원도라는 이름은 영동 지방의 중심 도시인 강릉과 영서 지방의 중심 도시인 원주, 두 도시의 머리글자를 따서 지어졌습니다. 여기서 강원도의 핵심 도시가 어디인지 알 수 있지요. 하지만 같은 강원도임에도 영동과 영서는 지리 환경, 기후 그리고 문화까지 무척이나 다릅니다. 여기서 영동과 영서는 각각 태백산맥의 큰 고개인 대관령의 동쪽과 서쪽을 가리키는 말입니다. 두 지역은 주민들도 서로를 다른 지역으로 인식하는 경향이 있습니다. 역사적으로도 교류가 활발하지 않았지요.

앞서 1월에 살펴봤던 바와 같이, 영서 지방은 첩첩산중에 고원 지역입니다. 여름엔 서늘하고 겨울에는 아주 춥습니다. 반면에 영동 지방은 바다를 따라 좁고 길게 펼쳐진 해안평야 지역입니다. 어디에서든 바다를 볼 수 있고 바다와 태백산맥 사이에 평야가 좁고 길게 이어져 있습니다. 해양성기후라 겨울에는 서울보다 더 따뜻하고 여름에는 시원하지요. 영동 지방은 바닷가와 해양성기후라는 공통분모 때문에 경상북도의 울진, 영덕 일대와 문화가 비슷합니다. 같은 강원도인 영서 지방보다도 말이죠. 이는 역사 기록에서도 간접적으로 확인할 수 있는데, 1,000년 전 통일 신라의 행정구역을 보면 오늘날의 강원도가 태백산맥을 기준으로 명주, 삭주로 구별되어 있습니다. 그중 명주가 강원도에서 경상도에 이르는 좁고 긴 동해안 지역입니다.

명주溟州는 당시 강릉의 이름이었던 '하슬라'에서 비롯된 지명입니다. '하슬라'라는 말에 담긴 '아스라하다'는 뜻을 한자로 옮긴 것이라는 설이 유력하죠. 이국적인 느낌을 주는 하슬라라는 이름을 딴 호텔, 미술관 등이 인기를 끌기도 했습니다. 이 하슬라는 중앙 왕실과는 또 다른 독자적인 문화를 갖고 있었습니다. 왕위 쟁탈전에서 밀려난 무열왕계(김춘추의 후손)의 김주원이 이 지역을 근거지로 삼았기 때문입니다. 신라 왕실은 비록 왕위에서는 물러났지만 여전히 세력이 강했던 김주원을 달래고자 '명주군왕'이라는 작위를 내려 이를 공인했습니다. 고려 시대에도 김주원의 후손은 성만 왕씨로 바꾸어 계속 이 지역을 다스렸습니다.

그렇게 수백 년간 마치 자치 국가처럼 운영되었기에 영동 지방은 다른 지역과 구별되는 특징을 여럿 가지게 되었습니다. 가령 강원도 사투리라고 알려진, 억양이 두드러지고 'ㅓ'를 'ㅏ' 가깝게 발음하는 독특한 방언은 춘천이나 원주에서는 거의 사라졌지만 강릉, 속초에서는 여전히 잘 남아 있습니다. 또 강릉 토박이 중 고령층은 아직도 '강원도와 춘천'이라 말하며 영동 지방만을 강원도로 인식하기까지 하죠.

영동 지방이 관광 1번지인 이유

강원도의 연간 관광객은 무려 1억 5,000만 명이 넘습니다. 한 사람이 여러 번 방문하는 등의 경우도 포함한 것이지만 그래도 엄청난 수치입니다. 그리고 이 관광객 중 3분의 2가 영동 지방을 찾습니다. 영서 지방을 찾는 이들 역시 상당수는 영동 지방에 가는 김에 겸사겸사 들르는 경우죠. 그러니까 강원도 관광객은 사실상 영동 지방 관광객이라고 불러도 무관한 셈입니다.

그럼 왜 이렇게 많은 사람이 영동 지방을 찾을까요? 간단합니다. 기후가 온화하고 풍경이 아름답기 때문입니다. 이 지역의 경치가 아름다운 것은 조선 시대부터 유명했습니다. 영동에서 가장 경치가 아름다운 곳을 묶어 관동팔경이라 부를 정도였지요. 동해안을 따라 이어진 조선 시대 '핫플레이스'인 셈입니다. 그 시절 '핫플'의 조건은 아마도 바다였던 모양입니다. 모든 장소가 바다가 잘 보이는 전망대거든요.

동해는 서해, 남해와는 무척 다릅니다. 서해와 남해는 리아스식해안, 다도해, 엄청난 조수 간만 차 같은 특징을 공유하지만 동해는 그렇지 않습니다. 해안에 들어가고 나간 곳이 없으며 섬이 드물죠. 육지에서 서해나 남해를 바라보면 수평선이 보이기 전에 시야에 들어오는 섬이 꽤 많은데 동해는 그렇지 않아 마치 대양을 마주 보고 있는 듯, 망망대해가 눈앞에 펼쳐집니다. 동해는 조수 간만 차도 적어 갯벌이 없고 그 대신 모래밭이 펼쳐져 있습니다. 우리나라의 손꼽히는 해수욕장이 동해에 많은 것도 이런 이유 때문이죠.

동해의 넓은 모래밭들은 해수욕장 말고 또 다른 절경을 만들었는데, 바로 석호입니다. 석호는 바닷속 모래가 물살을 타고 쌓이다가 바닷물을 가두면 만들어집니다. 화진포, 송지호, 영랑호,

213

관동 팔경

- 강원 통천 총석정 (북한)
- 강원 고성 삼일포 (북한)
- 강원 고성 청간정
- **강원 양양 낙산사**
- 강원 강릉 경포대
- **강원 삼척 죽서루**
- 경북 울진 망양정
- 경북 울진 월송정

경포대

낙산사

죽서루

동해안 일대에서도 최고의 경관을 자랑한다는 관동팔경

청초호, 경포호 등이 유명한데, 호수 앞으로는 드넓은 동해가 펼쳐지고 뒤로는 높은 산이 솟아 절경을 선사합니다.

바다와 더불어 영동 지방에는 계곡도 있습니다. 영동 지역 뒷배를 책임지는 산맥, 태백산맥에서 흘러 내려오는 물이지요. 태백산맥은 영서 쪽으로 완만한 고원이지만 영동 쪽으로는 깎아지른 절벽이 많아 이곳 계곡은 물이 굉장히 빨리 흐릅니다. 이 덕분에 영동 지방에는 속초 천불동 계곡, 양양 주전골, 강릉 명주 청학동 소금강, 동해 무릉계곡 등 기기묘묘한 모양의 절벽과 바위, 그 사이의 물소리 우렁찬 폭포가 즐비합니다. 산이면 산, 바다면 바다,

거기에 호수와 폭포, 계곡까지 모여 있으니 영동 지방이 유구한 휴양지로 인기가 많았던 것이죠.

　이중환도 『택리지』에서 영동의 경치를 감탄하기 바쁩니다. 전국에서 제일이라고요. 그런데 살기는 안 좋다고 합니다. 이게 무슨 말일까요?

　　동해에는 조수가 없는 까닭에 물이 탁하지 않아 벽해라 부른다.

　　(…) 경치가 나라 안에서 참으로 제일이다.

　　(…) 이 지방 사람들은 놀이를 좋아한다. 노인들이 기악, 술, 고기를 싣고 호수와 산 사이에서 흥겹게 놀며 이것을 큰일로 여긴다. 그러므로 그들의 자제도 놀이가 버릇이 되어 글공부에 힘쓰는 자가 적다.

　　(…) 한때 유람하기는 좋지만 오래 살 곳은 아니다.

　경치가 좋아 어른이고 아이고 놀기만 좋아하고 젊은이들이 공부를 안 하기 때문에 살기 안 좋다는 것입니다. 이중환의 『택리지』는 팔도를 유람하자는 게 아니라 정착하여 살기 좋은 곳을 찾자고 쓴 책입니다. 영동 지방은 경치가 너무 좋아 살기 좋은 곳에서 탈락하고 말죠. 다만 한때 놀러 오기 좋다고는 하네요.

　그런데 이 지역에 정말 글공부하는 이들이 드물었을까요? 꼭 그런 것 같지는 않습니다. 우리나라 화폐 인물 다섯 사람 중 두 사람이 바로 이 지역 출신인데 다름 아닌 율곡 이이 선생과 그 어머니인 사임당 신씨입니다. 또『홍길동전』의 지은이 허균, 그리고 조선 시대 최고의 여성 문인으로 꼽히는 시인 허난설헌 역시 강릉 출신이지요. 이쯤 되면 충분히 글공부에 힘쓰는 고장이 아닐까요?

이 인물들 중 사임당 신씨는 5만 원권 지폐에도 등장할 정도로 유명한 데 비해, 허난설헌은 살아생전 중국에까지 널리 알려졌을 정도의 유명세가 오늘날에는 많이 묻혀 버린 감이 있습니다. 이유는 둘입니다. 허난설헌이 불행한 결혼 생활 끝에 27세의 나이로 요절했다는 것, 또 그 동생인 허균이 반역죄로 처형당하면서 집안이 무너졌다는 것입니다. 그래서 신사임당의 생가는 잘 보전되어 오죽헌이라는 관광 명소로 남아 있지만, 허난설헌의 생가는 이미 사라지고 그 자리에는 전혀 관계없는 한옥 한 채만 남아 있습니다. 강릉을 대표하는 문인 집안이었던 허씨의 흔적은 엉뚱한 쪽에서 이어졌는데, 허난설헌의 아버지 허엽 선생의 호 '초당'에서 따온 초당 두부이죠.

이 위인들의 흔적이 영동 지방을 더 훌륭한 관광지로 만들었습니다. 사임당 신씨와 율곡 이이의 생가인 오죽헌, 허균과 허난설헌의 생가, 우리나라 전통 양반 가옥의 전형을 보여 주는 선교장, 그 밖에도 수많은 고택과 사찰이 경치 좋은 곳에 자리 잡고 있습니다. 관광객이 찾아오지 않을 수 없는 곳입니다.

그 많던 명태는 어디로?

앞에서도 간단히 다루었지만, 사실 1970년대까지만 해도 동해는 쉽게 가기 어려운 꿈의 휴양지였습니다. 교통편이 안 좋아 접근성이 떨어졌기 때문이죠. 이곳 관광산업이 성장세를 띤 것은 영동고속도로가 개통된 1970년대 이후이고, 그 전에는 수산업이 이곳 경제의 중심이었습니다.

동해는 서해, 남해와 달리 한류가 흐릅니다. 한류성 어종인 명태, 대구, 청어, 연어, 숭어 등은 오직 영동 지방에서만 잡을 수 있었습니다. 난류도 지나가기 때문에 고등어, 꽁치, 오징어 같은 난류성 어종도 잡을 수 있었죠. 영동 동해안 일대는 그야말로 온갖 종류의 물고기가 모여드는 우리나라 최대의 어장입니다.

동해의 대표 주자 물고기는 역시 명태입니다. 명태는 몸통은 물론 알(명란), 내장(창란), 아가미(서거리)까지 좋은 식재료가 됩니다. 생으로 먹으면 생태, 반만 말리면 코다리, 바짝 말리면 북어, 얼려서 보관하면 동태, 얼렸다 녹였다 반복하며 말리면 황태, 새끼는 노가리 등 불리는 이름도 다양하죠. 그만큼 널리 사랑받는 생선으로 국민 생선이라 불릴 정도입니다. 동해에는 이런 명태뿐 아니라 대구, 정어리, 청어, 고등어, 오징어는 물론 미역까지 풍부해 전 국민의 식탁을 감당하다시피 했습니다. 심지어 조선 시대에도 마찬가지여서, 이중환은 『택리지』에서 "이곳에는 소금, 명태, 미

217

해수 온도 상승으로 어획량이 급감한 동해의 명태

역 등이 많이 나서 부자가 많다."라고도 말합니다.

하지만 근래 동해의 어업은 기후변화의 직격탄을 맞고 있습니다. 바닷물이 점점 따뜻해지면서 한류성 어족이 점점 북쪽으로 옮겨 가는 중이죠. 1990년대 이후 30년간 동해의 수온은 2도 가까이 올라갔습니다. 이 덕분에 해수욕장 운영 기간은 길어졌지만 명태, 대구의 어획량이 부쩍 줄었습니다. 예전에는 명태 하면 동해였는데, 지금 우리가 먹는 명태의 98퍼센트가 러시아에서 수입한 것이니까요.

관광도 병인 양하여

수산업이 쇠퇴하는 만큼 지금은 관광업이 융성하여 영동의 지역 경제를 지탱하고 있습니다. 1980년대 이후 수도권과 이 지역을 연결하는 교통편이 엄청나게 좋아졌지요. 동해는 서울에서 고속철도로 한 시간 반, 고속도로로 두 시간 만에 갈 수 있는 곳이 되었습니다.

강릉시 인구는 20만 명입니다. 그런데 고속철도가 개통된 이후 연간 강릉 방문객 수는 3,500만 명을 넘습니다. 관광객이 집중되는 시기인 여름 휴가철과 주말에는 강릉시 인구보다 많은 관광객이 강릉 일대를 돌아다닙니다. 강릉보다 더한 곳은 젊은이의 성지라 불리는 양양입니다. 양양군 인구는 2만 7,000명 남짓인데, 2023년 방문객 수는 1,600만 명 정도입니다. 여름 휴가철이나 주말에는 양양 인구의 두 배 이상의 관광객이 이 작은 도시에 바글거린다는 뜻입니다.

관광객이 많이 오면 지역 경제에 좋은 일인 건 맞습니다. 하지만 감당하기 어려울 정도로 많은 관광객이 몰려오면 지역 산업 구조가 왜곡됩니다. 강릉시 인구의 80퍼센트가 음식점, 숙박업 등 관광객에 의존하는 자영업에 종사하고 있습니다. 관광산업은 트렌드를 잘 타서 트렌드가 바뀌면 도시 경제가 한순간에 몰락할 위험이 큽니다. 실제로 코로나19로 관광산업이 침체된

오버투어리즘으로 골머리를 앓는 영동 지방

2020~2021년 강릉은 인구가 빠르게 줄었지요.

더불어 도시가 주민이 아니라 관광객 위주로 바뀌어 가는 것
도 문제입니다. 주민 생활에 필요한 세탁소, 잡화점, 목욕탕, 미용
실 등이 음식점, 카페, 클럽으로 바뀝니다. 대중교통이 학교, 관공
서, 병원 등 주민에게 필요한 곳보다 주요 관광지를 먼저 갑니다.
가장 중요한 피해는 관광자원 훼손입니다. 몰지각한 일부 관광객
들 때문에 관광지가 오염되고, 일탈이나 범죄가 늘어나면서 치안
이 나빠지죠. 영동 지방 여섯 시군(고성, 속초, 양양, 강릉, 동해, 삼척)은 이

문제로 골머리를 앓고 있습니다. 바닷가에 시원하게 자란 소나무 숲이 하나하나 사라지고 그 자리를 호텔, 펜션, 카페가 차례차례 채운다면 역설적으로 관광객의 발걸음은 줄 것입니다. 기후변화로 명태의 씨가 마른 것처럼요.

한탄강 타고
흐르는
한반도의
역사

철원은 신생대에 일어난 화산활동으로 지반이 형성된 곳입니다.
그리고 6·25 전쟁 당시 남북이 치열하게 전투하던 곳이기도 하죠.
오랜 역사의 흔적을 도시 곳곳에 오롯이 품고 있습니다.

	인구	면적	키워드
철원군	40,408명	889km²	한탄강, 래프팅, 화산활동, 용암대지, 비무장지대

물살이 거친
큰 여울

무더위가 한풀 꺾이고 슬슬 야외 활동을 시작하기 좋은 계절 9월에 다녀오기 딱 좋은 곳이 있습니다. 바로 서울 북쪽의 한탄강 일대입니다. 한탄강은 북한 평강군에서 발원하여 강원도 철원을 지나 경기도 포천, 연천을 거쳐 임진강으로 합류하는 하천입니다. 엄밀히 말하면 하나의 독립적인 강이 아니라 임진강에 흘러들어 가는 지류, 즉 본류로 유입되는 물줄기이지만 총 길이 136킬로미터로 상당히 규모가 있습니다. 우리나라 4대 강 중 하나인 영산강보다 더 길지요.

그런데 무슨 기준으로 강과 천을 구별하는지 궁금하지 않나요? 흔히 바다로 흘러들어 가면 강, 다른 강으로 흘러들어 가면 천이라고 생각하기 쉽습니다. 하지만 한탄강뿐 아니라 금호강, 남강, 소양강, 홍천강, 평창강처럼 다른 강으로 들어가는 지류인데 강이라고 불리는 경우도 많습니다. 중요한 것은 어디로 흘러들어가는지가 아니라 흐르는 물의 양이나 규모이기 때문입니다.

한탄강이라는 이름은 '큰 여울'이라는 뜻에서 왔습니다. '한'은 크다는 뜻의 우리말이고 '탄'은 여울이라는 뜻의 한자어입니다. 그래서 옛 기록에는 '한여울', '큰여울'이란 이름으로 언급되기도 하고, '대탄강'이라고도 불렸지요.

그렇다면 여울이란 무엇일까요? 강이나 하천에서 유독 물살이 센 구간을 여울이라고 부릅니다. 그러면 한탄강이라는 이름에서 이미 이 강의 특징을 파악할 수 있습니다. 즉 한탄강은 물살이 거칠고 빠른 강인 거죠. 빠르게 흘러가는 강물 양옆으로는 모래밭이나 들판이 깎아지른 절벽이 이어집니다.

래프팅은 고무보트에 올라타 노를 저으며 급류를 타고 아슬아슬하게 물을 헤쳐 나가는 레저 스포츠입니다. 다만 우리나라 하천은 대체로 유속이 느리고 기울기가 완만하기 때문에 래프팅을 제대로 즐길 수 있는 곳이 매우 드물지요. 그나마 물살이 빨라 많은 이들이 찾고 있는 곳이 강원도 영월 동강, 강원도 인제 내린천, 그리고 바로 이곳 한탄강입니다. 이 중 동강은 여울이 많지 않아 스릴이 부족하고 내린천과 한탄강이 래프팅의 성지로 여겨지죠. 급류 구간 길이는 내린천이 더 길지만, 급류의 강도는 한탄강이 더 세다고 합니다.

물살이 거칠고 빨라 래프팅의 성지로 사랑받는 한탄강

철원과 한탄강,
그 복잡한 출생의 비밀

한탄강이 우리나라에서 보기 드문 독특한 강이 된 까닭은 무엇일까요? 강이 만들어진 과정부터 남다르고 복잡합니다. 한탄강의 복잡한 출생의 비밀을 한번 풀어 볼까요?

원래 이곳은 추가령 구조곡의 일부분입니다. 추가령 구조곡은 서울과 북한 강원도 원산 사이의 160킬로미터가 넘는 긴 골짜기로, 추가령 단층대에 형성되어 있습니다. 한탄강 출생의 비밀은

227

그 출발점부터 남다릅니다. 160킬로미터나 되는 계곡이라니 말입니다.

사실 한반도는 하나의 땅덩어리가 아닙니다. 몇 개의 큰 땅 조각들이 서로 맞붙어 있는데, 지각운동으로 땅 조각들이 서로 어긋나면서 경계에 틈이 생기기도 합니다. 추가령 단층대는 큰 땅 조각인 경기지괴와 평남분지 사이에 만들어진 긴 틈입니다. 이곳으로 강물이 흐르면서 침식작용이 일어나 넓고 긴 골짜기를 만들었으니 이것이 바로 추가령 구조곡이고, 그 하류 지역에 펼쳐진 분지 평야가 철원이죠. 이 분지 둘레에는 화강암과 편마암으로 이루어진 전형적인 한국 스타일 산들이 자리 잡았습니다.

그럼 이 계곡이 곧 한탄강일까요? 아닙니다. 여기서부터 진짜 이야기가 시작됩니다. 200만~1만 년 전 추가령 구조곡 상류, 현재 북한에 위치한 오리산 일대에서 엄청난 화산활동이 일어났습니다. 이 화산활동은 흔히 생각하듯 용암이 폭발하고 대지가 흔들린 것이 아니라 폭발 없이 막대한 양의 용암이 흘러내리는 방식으로 이루어졌습니다. 이렇게 분출된 용암은 원래 강물이 흐르던 160킬로미터의 계곡을 가득 채우며 흘러내렸습니다. 이 용암은 점성이 낮아서 뭉치지 않고 멀리까지 골고루 흘러갔고, 결국 추가령 구조곡과 그 하류라 할 수 있는 철원 일대의 작은 산과 골짜기를 다 메워 거대한 용암 호수를 이루었습니다.

용암은 서서히 식어서 바위가 되죠. 이 일대를 호수로 만들었

용암이 빠르게 식는 과정에서 형성된 한탄강 변의 주상절리

던 용암 역시 굳어서 현무암이 되었고, 그 결과 평균 고도 300미터의 고원지대가 탄생했습니다. 이렇게 용암이 굳어서 생긴 고원을 용암대지라고 합니다. 그런데 용암이 식어 바위가 되면 부피가 줄어듭니다. 따라서 골짜기를 가득 메우고 있던 용암이 바위가 되면서 가장자리에는 수직 방향으로 갈라진 크고 작은 육각 기둥이 나타나는데 이게 바로 주상절리입니다. 현무암으로 된 이 주상절리와 원래 있던 골짜기의 화강암·편마암층 사이에 좁고 긴 홈이 형성되었죠.

추가령 구조곡에 원래 흐르고 있었던 강, 그러니까 한탄강의 조상은 어떻게 되었을까요? 비가 오면 물은 어딘가로 흘러가야 합니다. 그런데 현무암층 위로는 물길이 생기기 어렵습니다. 그래서 이 일대의 물은 용암대지와 원래 있던 화강암, 편마암층 사이에 만들어진 긴 홈을 따라 흘렀습니다.

이 홈은 추가령 구조곡을 따라 160킬로미터에 걸쳐 이어져, 그대로 한탄강이 되었습니다. 이 물길은 양옆으로 한쪽은 화강암과 편마암 절벽, 다른 쪽은 주상절리가 많이 관찰되는 현무암 절벽입니다. 절벽과 절벽 사이를 흐르니 물살이 빠를 수밖에 없고, 큰 여울이 되었습니다. 물살이 빠르다 보니 침식도 빨리 일어났습니다. 그 결과 홈이 점점 깊어지며 양옆 절벽은 점점 높아져 한탄강에 흘러들어 오는 용암대지의 물들은 곳곳에서 멋진 폭포를 이루었습니다.

우리나라의 강 중 양편으로 도로나 마을이 아닌 산과 절벽이 이어지는 강은 한탄강 하나, 그 절벽이 주상절리대인 강도 한탄강 하나입니다. 그래서 유네스코는 한탄강 일대를 세계지질공원으로 지정했습니다.

궁예의 꿈과 한이 남은 곳

한탄강의 출생의 비밀을 파헤쳐 보면 한탄강 일대는 온통 현무암투성이에 절벽으로 둘러싸인 척박한 환경일 것이라는 느낌이 듭니다. 하지만 수십만 년이라는 세월이 흐르며 거센 풍화작용이 계속되었죠. 이 거대한 용암대지의 표면에는 현무암이 풍화된 현무암 풍화토가 두텁게 쌓여 농사짓기에 적당한 상태가 되었습니다. 이곳이 바로 철원평야입니다.

다른 지역보다 고도가 200~300미터 높은 곳에 펼쳐진, 서울 크기의 두 배쯤 되는 평야. 이러한 지리적 이점 덕분에 농지로는 물론이고, 거대한 요새로도 안성맞춤이었습니다. 그래서 후삼국시대 가장 큰 나라였던 태봉(후고구려였다가 태봉, 나중에 마진으로 이름을 계속 바꾼 국가)의 건국자 궁예가 이곳에 도읍을 정했습니다.

원래 궁예가 나라를 세운 곳은 송악(개성)이었습니다. 당시 송악에는 고구려를 계승하고자 하는 의식이 강한 사람들이 많이 살았는데, 이들을 '패서 호족'이라고 불렀습니다. 당시 궁예는 양길이라는 호족의 부하였다가 패서 호족의 지지를 기반으로 독립하여 나라를 세웠습니다. 그래서 나라 이름도 고구려를 계승한다는 뜻에서 후고구려라고 했습니다.

하지만 궁예는 사실 고구려와 거리가 먼 인물입니다. 남쪽 출신이자 스스로를 신라의 버려진 왕자라고 주장할 정도로 신라의 정체성이 강했던 인물입니다. 일단 새로운 나라를 만들기 위한 지지 세력이 필요해서 패서 호족의 근거지인 송악에 도읍을 정하고 후고구려라는 나라를 세웠지만, 왕이 된 이상 계속 거기 머무르고 싶지 않았습니다. 시간이 갈수록 궁예는 패서 호족의 입김을 막고 자신의 힘을 더 키우고 싶어 했죠. 그래서 궁예는 송악을 떠나기로 마음먹습니다. 그렇게 선택한 새 수도가 철원입니다.

　본디 큰 도시가 아니었던 철원에 도읍을 정한 궁예는 산 위에 있는 평지에 인공도시를 조성하고 전국 각지에서 사람들을 강제로 이주시킵니다. 특히 패서 호족을 견제하기 위해 자기 지지 세력이 많았던 청주에서 많은 인구를 대거 이동시켰습니다. 이렇게 강제로 이사를 가야 했던 사람이 적어도 10만 명, 많게는 20만 명이 넘는다고 합니다. 지금 기준으로도 적지 않은 숫자지만 한반도의 인구가 700만 명 정도이던 시절의 일입니다. 요즘으로 치면 광역시 사람들이 송두리째 이동한 셈인데, 이 대규모 이주는 우리나라 역사상 최악의 천도로 기록되고 말았습니다.

　우선 식량이 문제였습니다. 갑자기 늘어난 인구를 먹여 살리기에는 식량 생산량이 턱없이 부족했습니다. 철원 평야가 농사짓기에 나쁘지 않다고는 해도 강원도 산간 지방치고 괜찮다는 뜻이지, 황해도나 충청도에 비길 바는 못 됩니다. 당시 농업 기술로는 개간이나 관개농사에 필요한 물을 끌어와 논밭에 대기 어려웠습니다. 요컨대 인간의 힘으로 농작지를 늘리기 어려웠다는 뜻이죠. 이중환의 『택리지』는 철원을 이렇게 소개하고 있습니다.

　　철원은 비록 강원도에 딸렸으나 들판에 이루어진 고을로서 서쪽
　　은 경기도 장단과 경계가 맞닿았다. 땅은 메마르나 들이 크고 산

이 낮아 평탄하고 명랑하며 두 강 안쪽에 위치하였으니 또한 두메 속에 하나의 도회지이다. 들 복판에 물이 깊고 벌레 먹은 듯한 검은 돌이 있는데 매우 이상스럽다.

"두메 속에 하나의 도회지"라는 표현은 산골 중에서 그나마 도회지라는 뜻입니다. 그러니 20만 명 이상의 인구를 먹여 살릴 만한 식량을, 그것도 단 몇 년 만에 감당하기는 어려웠습니다. 그럼 다른 지역에서 식량을 운송해 오기라도 해야 하는데 그것도 쉬운 일이 아니었습니다. 왜 그랬을까요? 철원은 산으로 둘러싸인 분지인 데다 고원입니다. 다른 지역에서 식량을 가져오려면 300미터 정도의 산길을 올라와야 합니다. 혼란기 때 방어 거점으로는 좋은 조건이지만, 장차 통일 왕국을 통치하고자 한다면 몹시 불편한 자리입니다. 물길은 어떨까요? 한탄강이 우리나라에서 래프팅을 제대로 즐길 수 있는 몇 안 되는 강이라고 했죠? 반대로 말하면 물살이 세서 많은 물자를 실은 배가 오가기 어렵다는 뜻이기도 합니다. 괜히 '큰 여울'이 아닌 겁니다.

결국 도읍을 송악에서 철원으로 옮긴 것은 궁예의 가장 큰 패착이 되어 망국의 원인이 되었습니다. 궁예의 지지 기반인 청주 출신을 제외하면 전국 각지에서 강제로 이사 온 사람들 대부분은 불만으로 속이 끓어올랐습니다. 결국 이곳의 백성들은 왕건을 앞세워 궁예를 몰아내고 고려를 세웠습니다. 이때 나라를 잃고 쫓겨난 궁예가 큰 소리로 한탄했다고 하여 강 이름이 한탄강이 되었다는 전설이 전해지기도 합니다.

역사적 비극의 현장에서 한반도의 타임캡슐로

비록 통치 기간은 짧았어도 후삼국 중 가장 큰 나라를 다스린 궁예의 도읍이었다 보니 문화유적이 많이 남아 있을 것 같지만, 안타깝게도 남아 있는 것이 거의 없습니다. 궁예가 지었다는 거대하고 화려한 궁전 태봉궁은 물론 그 터를 찾는 일마저 녹록지 않습니다. 하긴 500년 고려 도읍 개성도 궁전은 사라지고 월대와 터만 남아 있는 실정이니 궁예궁이 남아 있길 바라는 건 무리일지도 모르겠습니다.

그래도 태봉 궁궐터로 추정되는 곳을 발굴할 수만 있다면 당시의 집터, 축대, 월대 등은 물론 흥미로운 유물들이 꽤 나올 겁니다. 문제는 그마저 쉽지 않다는 데 있습니다. 철원은 휴전선으로 갈라진 분단 도시이며, 하필이면 궁예의 궁궐터는 휴전선이 지나가는 비무장지대 안에 있기 때문입니다.

철원은 분단의 아픔을 온몸으로 보여 주는 도시이기도 합니다. 휴전선으로 분단된 도시는 철원 외에도 판문점과 고성이 있습니다. 판문점과 고성은 분단 전에도 인구가 적은 작은 고을이었지만 철원은 강원도 제일의 곡창지대로 제법 규모가 있는 도시였습니다. 그러니 분단의 상처도 더 깊을 수밖에 없었죠. 6·25 전쟁 전 이곳은 북한 영토였습니다. 그 당시 쓰인 노동당 당사 건물이 아직도 남아 있죠. 전쟁 중에 절반쯤 파괴된 모습이긴 하지만 말입니다. 1946~1950년 조선노동당은 공산주의에 협조하지 않던 철원 주민들을 이곳에 끌고 와 고문했다고 합니다. 전해 오는 말로는 끌려 들어가는 사람은 있어도 나오는 사람은 없었다던 악명 높은 건물입니다. 이곳이 대한민국 영토로 편입된 후, 건물을 발굴해 보니 실제로 고문 도구나 유골 등이 많이 나왔다고 합니다. 안 그래도 뼈대만 남은 건물에 이런 이야기까지 겹치니까 훨씬 더 으스스하게 보입니다.

더구나 이곳이 대한민국 영토가 되는 과정에서도 수많은 피가 흘렀습니다. 철원, 연천 등 한탄강 유역이 대한민국 영토가 된 것은 6·25 전쟁 때 국군과 중국군(북한 인민군이 아닙니다)이 가장 치열하게 싸웠던 '백마고지 전투'의 전과이기 때문입니다. 백마고지는 원래 철원 평야 북쪽에 있는 395미터짜리 봉우리를 말하는데, 포격과 폭격이 어찌나 치열했던지 나무가 모두 사라져 허옇게 바뀐 산의 형상이 마치 백마 같다고 하여 붙여진 이름입니다. 이 전투는 열흘 동안 봉우리의 주인이 열두 번이나 바뀔 정도로 치열했습니다. 격렬한 전투 끝에 국군이 고지를 차지하여 오늘날 한탄강 지역 대부분을 대한민국 영토로 만들었습니다. 단 열흘 동안 국군 3,000여 명, 중국군 1만 5,000여 명이 죽거나 다쳤습니다.

이토록 치열한 전장이었고, 휴전 이후에도 남북이 대치하는 접경 지역이 된 한탄강 유역에는 비무장지대와 민간인 통제 구역이 무척 많습니다. 현재 우리나라의 비무장지대는 40여 년간 출입 통제 지역이었죠. 그런데 웬걸, 이를 전화위복이라고 해야 할까요? 민간인 출입이 금지된 덕분에 이곳의 독특하고 소중한 자연경관이 훼손되지 않고 잘 보전되어 왔습니다. 멸종 위기 동식물이 서식하고 야생동물의 쉼터가 되었죠. 한반도의 생태계를 연구하는 학자들은 비무장지대를 주목하고 있습니다. 사람 손을 타지 않은 자연 그 자체가 숨 쉬는 곳이니까요. 삼국시대와 후삼국시대의 유적과 유물도 도굴되거나 훼손되지 않고 잘 보전되어 있으리라 추정됩니다. 지역 전체가 지질학적으로나, 역사적으로나, 환경적으로 한반도의 소중한 타임캡슐인 셈입니다.

하지만 타임캡슐의 진정한 가치는 묻혀 있을 때가 아니라 뚜껑을 열 때 발휘됩니다. 그 내용물을 잘 지키고 슬기롭게 활용하느냐, 뚜껑을 열자마자 훼손시키느냐에 따라 가치가 달라지겠죠.

현재 철원 및 한탕강 일대는 유네스코 세계지질공원으로 선정된 이후 유명세를 타기 시작했고, 또 남북 간 긴장이 완화되는 분위기 속에서 민간인 출입이 허용되는 구역이 점점 늘어나고 있습니다. 철원시, 포천시, 연천군에서도 관광 수입을 올리기 위해 주차장을 넓히고 구름다리나 잔도 등의 시설물을 설치하고 있습

뼈대만 남아 으스스한 분위기를 풍기는 철원의 옛 노동당사

니다. 타임캡슐의 뚜껑이 열린 셈입니다. 이 지역은 분단과 전쟁의 비극으로 간신히 보전했던 자연유산이며 한반도의 타임캡슐입니다. 조심스럽게 관람하고 소중하게 간직해서 다음 세대에게 물려주어야 할 땅이라는 사실을 되새기며 현장을 직접 보고 체험하면 생태와 안보에 관한 생각이 한층 성장할 겁니다.

10월

2천 년 경력의
무역 '인싸'
지역

내포 지방

『택리지』를 집필한 이중환이 한 달 넘게 샅샅이 살펴본 지역이 있습니다. 바로 충청남도의 내포 지방입니다. 서산, 당진, 아산, 천안, 홍성, 예산, 보령을 아울러 내포 지방이라고 하는데, 면적으로 보면 충청남도의 절반에 이릅니다. 이중환은 왜 이곳을 깊게 들여다본 것일까요?

	인구	면적	키워드
서산시	174,139명	742km²	
당진시	172,139명	706km²	
아산시	355,374명	543km²	
천안시	660,147명	636km²	무역의 중심,
홍성군	99,287명	447km²	교통의 요지,
예산군	78,879명	543km²	아산만,
보령시	93,575명	587km²	독립운동가들의 고향

이중환이
가장 궁금해한 땅

이중환의 『택리지』가 우리나라 인문지리학의 고전으로 꼽히는 까닭은 각 지역의 지형이나 개략적인 정보만을 평면적으로 소개하는 것을 넘어 '인간이 살기 좋은 곳'이라는 관점에서 그 나름의 기준을 세우고 이에 따라 각 지역을 평가했기 때문입니다. 이 기준이 과연 타당한지는 오늘날의 관점에서 따질 점이 많지만, 어쨌든 그 시대의 가치관과 삶의 기준이 반영된 것이죠.

책의 도입부에서도 살펴보았듯이 『택리지』에서 이중환이 설정한 기준은 지리, 생리, 인심, 산수였습니다. 여기서 '지리'는 땅의 형태와 기세, '생리'는 생업(경제)과 생활의 편리, '인심'은 그 지역 사람들의 도덕성과 풍속, '산수'는 주변 경관의 아름다움을 의미했죠. 물론 이 네 가지 기준은 자연과학적 기준이 아니라 '인문학적' 기준이기 때문에 그 시대 사회상뿐 아니라 글 쓰는 사람의 선입관이 개입되기도 합니다. 이중환 역시 이런 선입관에서 완전히 자유롭지는 못했기에 전라도와 평안도에 대해서는 몹시 박한 평가를 내리기도 했었죠.

이중환이 꼭 두 지역을 무시해서 그랬던 것만은 아닙니다. 사실 이중환은 『택리지』를 쓰기 위해 전국의 모든 고장을 세세히 살피고 다닐 만한 여유가 없었습니다. 지금도 여행은 상당한 비용과 시간을 들여야 하는 활동인데, 교통과 통신 수단이 발달하지 않았던 조선 시대에는 더 말할 나위도 없었겠죠. 이중환의 전국 여행은 숙종의 후궁이자 영조의 어머니인 숙빈 최씨의 묫자리를 찾는 데서 시작했습니다. 이때 그는 아마도 나랏일로 여행을 다니게 된 김에 '옳다구나' 하고 사람이 살 자리도 찾아 다녔을 겁니다. 그때 주로 다녔던 곳은 충청 지방과 영남 지방이었습니다.

이후 정치 싸움에서 밀려 관직에서 쫓겨난 후에는 자유롭게 전국을 유랑했습니다. 벼슬자리에서 대접을 받으며 여행을 다닐 때와 생활고에 시달리며 전국을 떠돌아다닐 때 눈에 보이는 것이 분명 달랐을 겁니다. 하지만 어느 경우나 한 고장에 오래 머물며 샅샅이 답사하고 연구할 형편은 아니었습니다. 관직에 있을 때는 숙빈 최씨의 장례를 치러야 하니 무한정 돌아다닐 수 없었을 것이고, 관직에서 쫓겨났을 때는 돈이 궁했겠죠.

그런데 이중환은 충청남도 남서쪽 지방인 내포 지방만큼은

파주에 위치한 숙빈 최씨 묘

무려 한 달이 넘도록 머물며 샅샅이 살펴보았습니다. 내포 지방
은 주로 삽교천이 흘러가는 유역에 펼쳐진 평야와 해안 지역입니
다. 충청도 하면 보통 금강 유역을 떠올리지만 금강과는 금북 정
맥(혹은 차령산맥)으로 가로막혀 있습니다. 같은 충청권이라도 청주,
대전 쪽은 물론 공주, 부여, 논산 쪽과도 오랫동안 다른 문화권이
었던 셈이죠. 이 지역에 대한 이중환의 평가를 살펴보겠습니다.

> 충청도에서는 내포가 가장 좋다.
> (…) 가야산의 앞뒤에 있는 열 고을을 함께 내포라 한다. 지세가

한 모퉁이에 멀리 떨어져 있고 또 큰 길목이 아니므로 임진왜란과 병자호란, 두 차례 난리도 여기에는 미치지 않았다. 땅이 기름지고 평평하며 생선과 소금이 매우 흔하므로 부자가 많고 여러 대를 이어 사는 사대부 집이 많다.

(⋯) 산천이 비록 평평하고 넓으나 수려한 맛이 적고, 구릉, 고원, 습지가 비록 아름다우나 천석의 기이한 경치는 모자란다.

내포 지방을 입에 침이 마를 정도로 칭찬하고 있습니다. 첫 줄부터 내포 지방이 충청도에서 제일 좋다고 단언합니다. 충청도에서 가장 좋은 땅이라는 평가는 사실상 조선에서 가장 좋다는 의미이기도 합니다. 당시 충청도는 경기도와 더불어 조선의 주류 지역이었기 때문입니다. 게다가 충청도 공주 출신인 이중환이 자기 고향을 제쳐 두고 산맥 너머 이 지역을 충청 제일이라고 칭찬하고 있으니 정말 마음에 들었던 모양입니다.

이중환은 이 지역에 지리, 생리, 인심, 산수 네 기준 모두 합격점을 주고 있습니다. 먼저 지리를 봅시다. 내포 지방은 한때 마한의 중심이었고, 백제 땅이 된 후에도 변방으로 물러나지 않았습니다. 언제나 경제활동이 활발하면서도 너무 번잡하지는 않아 살기 좋은 곳이었습니다. 더구나 이 지역은 다른 지역보다 자연재해의 피해도 적었습니다. 지리상 적이 침입하기 어려워 큰 전쟁도 이 지역만큼은 피해 가는 경우가 많았죠. 심지어 임진왜란과 병자호란 때도 말입니다. 이 정도면 최고의 지리가 아닐까요?

생리를 봅시다. 내포 지방은 평야가 넓고 기름져 농사에 유리할 뿐 아니라 서해 인근 마을은 해산물과 소금도 흔해 부자가 많다고 했습니다. 인심 역시 훌륭한데요, '여러 대를 이어 사는 사대부'가 나왔다는 말은 고을이 유교적이고 공부하는 분위기라는 뜻입니다. 한마디로 양반 살기 좋은 고장이죠.

다만 산수에서 약간 흠을 잡았습니다. 그렇다고 경치가 나쁘다는 뜻은 결코 아닙니다. 산수가 예쁘고 아름답지만 입이 떡 벌어지는 절경은 없다는 정도죠. 더구나 이중환은 때때로 수려한 절경을 오히려 그 지역의 약점으로 보기도 했습니다. 경치가 너무 좋아 사람들이 공부하기보다 노는 것을 좋아하는 폐단이 있다고요. 그러니 누가 뭐래도 이중환이 매긴 성적표에서 전국 1등은 바로 이 내포 지방입니다.

2,000년을 이어 온 좋은 땅

내포 지방이 부유하고 살기 좋은 고장으로 사랑받은 역사는 생각보다 훨씬 깁니다. 무려 2,000년 전 삼한 시대부터 시작되죠. 이곳은 본디 농산물이 풍부했고 바다와 강이 만나는 곳이라 무역의 중심지로 떠올랐습니다.

그 당시 한반도 남부에는 삼한이 자리 잡고 있었습니다. 삼한 중 가장 세력이 강했던 곳은 마한이었습니다. 마한은 하나의 나라가 아니라 50여 개 부족국가의 연맹이었는데, 그 중심이 된 나라가 바로 내포 지방을 차지하고 있던 목지국입니다. 목지국은 아산만을 통해 북으로는 낙랑, 남으로는 왜, 서로는 중국 대륙에 있던 나라들과 교류하며 선진 문물을 유입했습니다. 그 덕분에 한반도에서 가장 먼저 철기 문명을 일구어 냈죠.

내포라는 이름도 이때 유래되었습니다. 아산만을 보면 마치 큰 강의 하구처럼 육지 안쪽으로 깊숙하게 들어와 있습니다. 그래서 아산만에 형성된 항구들은 바닷가가 아니라 육지 깊숙이 들어온 쪽에 많이 지어졌는데, 여기서 '땅 안의 포구'라는 뜻의 내포라는 이름이 생겼습니다.

목지국을 무너뜨린 백제 역시 내포 지역을 기반으로 활발히 무역했습니다. 중국 대륙의 남북조와 활발히 교류하면서 국력을 키우고 선진 문명을 꽃피웠죠. 이 지역에 서산 마애삼존불입상을 비롯한 백제 최고의 미술품들이 남아 있는 이유입니다. 백제는 개로왕 때 한강 유역과 도읍인 한성을 고구려에 빼앗겼지만 내포 지역만큼은 지켜낸 덕분에 재기할 수 있었습니다.

백제를 격파한 고구려는 내포 지역을 차지하지는 못했지만 아산만 북쪽을 점령했습니다. 오늘날 경기도 평택이 위치한 곳에 항구를 건설하고 그곳을 당나라와 통하는 항구라는 뜻의 당항성이라 불렀죠. 통일신라 시대에도 이곳은 여전히 당나라와 교류하

오늘날에도 무역과 산업의 중심지인 아산만 일대

는 장으로 번성했습니다. 이 시기 '당나라로 가는 나루'라는 의미로 오늘날의 충청남도 당진의 이름이 탄생했습니다.

조선 시대에도 내포 지역은 번창했습니다. 바닷길과 강물을 이용한 국내 교통의 요지였기 때문입니다. 신라, 고려와 달리 강력한 중앙집권 국가였던 조선은 외국과의 무역보다 여러 지방과 수도 한양 간 교류가 활발했습니다. 물산이 풍부한 남부 지방 산물들을 한양으로 끌어모은 것이죠. 조선은 그 교통망으로 서해안 물길을 사용했고, 당시 배의 성능이나 항해술로는 물살과 조류가 센 서해를 한 번에 돌파하기 어려웠기 때문에 바다에서 출발해 내포를 거쳐 한강을 타거나, 내포에 도착해 짐을 내린 뒤 육로로 수송하는 경우가 많았습니다. 내포부터 한양까지는 육지로도 수월하게 갈 수 있는 평야였으니까요.

놀랍게도 이 지역은 지금도 우리나라 무역과 산업의 중심지입니다. 아산만을 둘러싸고 당진시, 아산시, 평택시에 거대한 항구와 공단이 갖추어져 있죠. 사실상 아산만 전체가 하나의 거대한 항구를 이루고 있는 셈인데, 공식적으로는 평택항이라고 부릅니다. 하지만 총 64개의 부두 중 34개는 평택시에, 30개는 당진시에 설치되어 있어서 평택당진항이라고 부르는 경우도 많고 각자 편한 대로 평택항, 당진항, 아산항이라 부르는 경우도 많습니다. 마치 삼국시대 때 고구려는 평택에서, 백제는 당진에서 중국과 교역했던 역사가 재연되는 듯합니다.

아산만을 둘러싼 당진시, 아산시, 평택시, 그리고 인접한 서산시에는 우리나라에서 손꼽히는 대기업 공장들이 줄지어 들어서 있습니다. 항구와 공장이 가까우니 원료 수입과 완제품 수출에 물류 수송 같은 중간 과정에 들어가는 비용이 거의 없어서 유리하기 때문입니다. 현재 이곳의 규모는 전남 여수, 순천, 광양 일대 임해공업지대를 넘어섰고, 1970~1980년대 경제성장을 일군 경남 창원, 부산, 울산 일대의 이른바 '동남권 벨트'와 어깨를 나란히 하고 있습니다. 그 결과 당진, 아산, 평택과 수도권을 연결하는 교통의 요지인 천안시는 비수도권 도시 중에서 청년 인구 비율이 가장 높고 인구도 꾸준히 늘고 있습니다. 서울과 더불어 우리나라 역사 내내 '인싸' 지방이었다고나 할까요?

내포 지방이 이토록 좋은 땅으로 손꼽혔음을 상징하는 웃지 못할 에피소드도 있습니다. 조선의 24대 왕 헌종이 자손 없이 승하하자 내심 왕위 계승을 기대하고 있던 흥선대원군 이하응은 뜻밖에 철종에게 밀려 왕이 되지 못했습니다. 이하응은 자기 아들이라도 기어코 왕으로 만들고자 했습니다. 이를 위해 할 수 있는 온갖 일을 다 했는데, 그러던 중 왕의 기운이 서린 땅을 찾아 아버지 남연군의 무덤을 두려고 했죠.

이하응은 전국을 뒤져 조상의 무덤을 쓰면 자손 중에 임금이 둘이 나온다는 자리를 찾았습니다. '옳다구나' 하고 그 땅을 찾아가 보았더니 과연 천하의 명당이었습니다. 그런데 문제는 그 자리에 이미 사찰이 자리 잡고 있었다는 점입니다. 아무리 안동 김씨 세도가의 눈치를 보는 처지라 하더라도 명색이 고위 왕족이었던 이하응은 그까짓 사찰 따위는 불태워 버리기로 하고, 석탑이 있던 자리에 아버지 남연군의 묘를 세웠습니다. 불교에서 석탑은 대체로 석가모니의 무덤을 의미한답니다.

훗날 이하응의 아들이 고종으로, 손자가 순종으로 잇따라 보위에 올랐고 심지어 황제라는 호칭까지 써 봤으니 그렇게 얻은 무덤 자리가 영험을 발휘했다고 할 수 있을까요? 하지만 고종과 순종 두 임금을 끝으로 조선이라는 나라가 망해 버렸고, 오늘날

예산군에 위치한 남연군 묘

조선 왕실 후예의 처지가 그리 좋지 않은 것을 생각해 보면 과연 그토록 훌륭한 자리였나 의심하지 않을 수 없습니다. 더욱이 남연군 묘는 독일 상인 오페르트가 부장품을 노리고 마구 파헤치는 수모까지 겪었으니 묫자리가 가문과 나라의 운명을 정한다고 말하기는 아무래도 어렵습니다.

수많은 애국지사의 고향

내포 지방의 매력은 교통의 요지라는 데서 그치지 않습니다. 역사적으로도 매우 의미 있는 곳이지요. 우리나라 그 어느 지역보다 항일 애국지사를 많이 배출한 곳이니까요. 가장 먼저, 3·1 운동의 아이콘 역할을 하는 애국지사가 있습니다. 바로 유관순 열사입니다.

3·1 운동은 길에서 사람들이 모여 그저 만세만 외친 운동이 아닙니다. 일제에 저항해 조선인은 조선의 정신을 잇겠다 선언하고, 종교 단체와 교육 단체가 하나 되어 민족정신 양성을 다짐하며, 농민과 노동자가 일제의 경제 수탈을 가만 보고 있지 않겠다고 생존권을 수호한 저항운동이죠. 그 일환으로 서울, 평양, 의주, 원산 등 주요 도시에 대한민국 건국이념을 밝힌『독립선언서』를 배포하고 3월 1일에 독립을 선언했습니다.『독립선언서』는 조선이 일제의 식민지가 아님을 밝히며 세계에 독립을 선포한다는 내용입니다.『독립선언서』를 작성한 민족지도자 33인 중 불교계를 대표했고, 마지막 공약 3장을 작성했으며, 물산장려운동과 신간회운동 등 독립운동의 역사 그 자체인 이가 있습니다. 누구일까요? 만해 한용운입니다.

3·1 운동의 정신은 대한민국임시정부로 이어졌습니다. 흔히 임시정부의 지도자로 백범 김구를 떠올리지만 실제로 1919년부터 1940년까지 20년 이상 임시정부를 이끈 인물은 따로 있습니다. 그가 세상을 떠난 이후에 김구가 그의 뜻을 이어받아 주석이 되었죠. 잘 알려지지 않았지만 무척 중요하고 훌륭한 인물입니다. 누구일까요? 바로 이동녕입니다.

독립운동에는 만세 운동이나 임시정부만 있는 게 아닙니다.

실제로 총을 들고 일제와 싸운 무장투쟁도 있죠. 이 항일 무장투쟁 하면 제일 먼저 떠오르는 두 인물이 있습니다. 청산리대첩의 주인공 백야 김좌진 장군, 그리고 도시락 폭탄으로 유명한 매헌 윤봉길 의사입니다.

자, 지금까지 언급한 애국지사의 공통점이 무엇일까요? 짐작하고 있겠지만 모두 내포 지역 출신입니다. 한용운과 김좌진은 홍성, 유관순과 이동녕은 천안, 윤봉길은 예산에서 태어났지요. 도 단위도 아니고 몇 개 군에서 이토록 많은 독립운동가들을 배출한 경우는 흔치 않습니다. 충남도청을 중심으로 하는 홍성군, 예산군 일대 내포신도시에는 이들을 기념하는 독립운동가의거리가 조성되어 있으니 꼭 한번 찾아가 보기를 바랍니다.

마지막으로 윤봉길 의사가 두 아들에게 남긴 유언을 함께 읽어 보며 내포 지역 소개를 마무리할까 합니다. 예산군 덕산면에 있는 윤봉길 의사의 생가 일대는 역사적 의미도 깊지만 경치도 좋은 곳이니, 역시 직접 방문해 읽어 보는 것도 좋겠습니다.

강보에 싸인 두 병정에게—두 아들 모순과 담에게

너희도 만일 피가 있고 뼈가 있다면 반드시 조선을 위하여 용감한 투사가 되어라. 태극의 깃발을 드날리고 나의 빈 무덤 앞에 찾아와 한잔 술을 부어 놓아라. 그리고 너희들은 아비 없음을 슬퍼하지 말아라. 사랑하는 어머니가 있으니. 어머니의 교양으로 성

홍성군 홍예공원에 조성된 독립운동가의거리

공한 자를 동서양 역사상 보건대, 동양에는 문학가 맹자가 있고
서양에는 불란서 혁명가 나폴레옹이 있고 미국의 발명가 에디슨
이 있다. 바라건대, 너희 어머니는 그의 어머니가 되고 너희들은
그 사람이 되어라.

「윤봉길 의사 자필 이력서 및 유서」, 윤봉길, 1932

11월

한국의
메소포타미아는
바로 여기

군산
익산
완주

가을은 1년간 공들여 지은 쌀농사의 결실을 거둬들이는 시기입니다. 가을 말고 다른 시기에 수확하는 곡식이 여럿 있지만, 우리의 주식인 쌀을 거두는 가을이 곧 수확의 계절로 여겨지곤 하죠. 한반도에서 쌀 수확량이 가장 많은 군산, 익산, 완주는 이 시기 눈코 뜰 새 없이 바쁩니다.

	인구	면적	키워드
군산시	257,832명	398km²	
익산시	267,654명	507km²	평야, 곡창지대, 일제의 수탈, 군수산업, 새만금
완주군	99,668명	821km²	

수확의 계절,
수확의 고장

　추수 하면 딱 떠오르는 고장인 군산, 익산, 완주는 금강과 만경강 일대에 펼쳐진 드넓은 황금벌판의 고장입니다. 대한민국에서 한강, 낙동강 다음으로 큰 강인 금강이 만경강과 힘을 합쳐 펼쳐 놓은 드넓은 평야에 자리 잡고 있지요. 인류 고대 문명의 발상지인 메소포타미아가 두 강 사이의 평야라는 뜻인데, 그렇다면 이곳이야말로 한반도의 메소포타미아라 불릴 만합니다.

　이 지역은 금강 북쪽의 충청남도 논산시에서 전라북도 익산시를 지나 남쪽으로 김제시, 부안군에 이르기까지 끝없이 펼쳐진 평야의 한 부분으로, 국토의 70퍼센트가 산악 지형인 우리나라에서 지평선을 볼 수 있는 유일한 곳이기도 합니다. 더구나 충적 평야여서 땅이 비옥하고 기후도 온화하죠. 그래서 예로부터 농업

생산량이 어마어마했고, 이 지역에서 생산된 쌀이 한반도 전체를 먹여 살리다시피 했습니다. 그래서 이 드넓은 평야에 늘 따라붙는 별칭이 바로 곡창지대입니다. 이중환의 『택리지』에서도 "천 마을, 만 가구가 사는 데 필요한 것이 다 난다"고 평하고 있지요.

주인이 계속 바뀐 땅

이렇게 좋은 땅이다 보니 당연히 탐내는 세력도 많았습니다. 메소포타미아를 두고 여러 민족들 사이에 쟁탈전이 벌어졌던 것처럼 군산, 익산, 완주 지역도 땅의 주인이 자주 바뀌었지요. 특히 이 지역은 우리나라에서 이렇다 할 산이 보이지 않는 거의 유일한 곳입니다. 산이라는 자연적인 장벽이 없기 때문에 방어가 쉽지 않아 한 세력이 평야 전체를 오래 차지하기 어려웠습니다.

금강과 만경강 사이의 이 넓고 비옥한 들판은 우리 민족 문명의 발상지나 마찬가지였습니다. 고조선이 우리 민족의 기원 아니냐고요? 그렇기도 하고 아니기도 합니다. 우리 민족은 한반도 북쪽의 고조선과 부여, 그리고 남쪽의 진국辰國이라는 부족 연맹이 이합집산 하는 과정에서 형성되었습니다. 진국 사람들이 어떤 민족인지에 관한 기록이 없어 콕 집어 말하기는 어렵지만 벼농사를 지었다는 것, 그리고 일본인의 기원이 되는 야요이인과 관련이 깊다는 것은 분명합니다.

황금빛 지평선이 펼쳐지는 금강과 만경강 사이의 만경평야

한반도의 메소포타미아는 언제부터 고대 문명을 꽃피우기 시작했을까요? 고조선에서 세력을 키운 위만이 준왕의 왕위를 빼앗은 무렵부터 살펴봅시다. 위만을 따랐던 세력이 어떤 사람들인지는 학설이 분분하지만, 어쨌든 고조선의 원래 지배 세력, 단군할아버지의 후손들이 남쪽으로 쫓겨난 것만은 사실입니다. 위만에게 밀려난 고조선 준왕은 자기를 따르는 이들과 함께 논산-익산-완주로 이어지는 드넓은 평야 지대에 건마국을 세웠습니다. 원래 이 지역에 살던 진국 사람들이 저항했지만 고조선 사람들은 한발 앞선 철기 문명을 바탕으로 선주민을 제압했고, 한반도 남쪽 여러 부족국가들의 맹주가 되었습니다. 이 연맹이 바로 마한입니다. 고조선과 진국 사람들이 융합하기 시작한 거죠.

하지만 건마국의 패권은 오래가지 않았습니다. 선주민들이 철기 기술을 익히면서 천안-아산 지역의 목지국을 중심으로 힘을 키운 것입니다. 결국 마한 연맹의 패권은 목지국에 넘어갔습니다. 그리고 안타깝게도 목지국 천하 역시 그리 길게 이어지지 못했습니다. 이 땅을 노린 또 다른 세력이 나타났기 때문이죠. 만주 벌판에서 남쪽으로 내려온 부여 사람들, 혹은 그렇게 주장하는 사람들이었습니다. 고구려에서 쫓겨난 이들은 오늘날 서울 동남부의 한강 유역에 터를 잡고 백제를 세운 뒤 호시탐탐 남쪽의 이 기름진 곡창지대를 노렸습니다. 침류왕 때 마한의 맹주였던 목지국을 제압하고 근초고왕 때 이 지역을 완전히 차지하기에 이르렀죠.

그나마 건마국은 옛 마한 세력들 중 백제로부터 비교적 좋은 대우를 받았습니다. 앞에서도 살펴본 충청남도 서북부의 내포 지방을 근거로 한 목지국, 전라남도 지방의 침미다례국이 백제에 완강하게 저항한 반면 건마국은 순순히 복종했기 때문입니다. 그렇다고 백제가 건마국을 특별히 우대한 것 같지는 않습니다. 목지국과 침미다례국이 가혹하게 진압당했다면 건마국은 서서히 자치권을 상실했다는 정도의 차이가 있을 뿐입니다.

백제는 익산, 군산, 완주 일대 평야의 막대한 생산력을 바탕으로 삼국 중 가장 먼저 강국으로 성장했습니다. 지도를 보면 고구려가 제일 크고 백제와 신라의 영토가 비슷해 보이지만, 농사짓기 좋은 땅만 두고 계산한다면 고구려와 신라의 땅을 다 합쳐도 백제에 미치지 못했을 것입니다.

변화는 고구려의 세력이 강성해지며 찾아왔습니다. 고구려 장수왕이 백제를 몰아쳤고, 백제는 개로왕이 붙잡혀 죽는 굴욕까지 겪어야 했습니다. 근거지인 한강 유역을 몽땅 빼앗기고 간신히 도망친 백제는 충청남도 지방까지 밀려 내려왔습니다. 부여계 백제 사람들이 세력 기반을 상실하고 자기들이 정복했던 마한 땅으로 달아난 위태로운 처지가 된 것입니다. 마한 사람들도 도망쳐온 백제 왕실과 귀족들을 환영할 리 없었습니다. 두 세력 사이의 갈등이 더 격해졌고, 백제 문주왕과 그 뒤를 이은 동성왕이 잇따라 피살당하는 혼란을 겪었죠.

이 혼란은 백제 무령왕과 성왕 때 간신히 극복되었고 나라는 점차 안정을 되찾았습니다. 하지만 이 안정은 정치적 타협이나 화합의 결과가 아니라 부여계가 마한계, 특히 목지국 세력을 다시 한번 강력하게 제압한 결과였습니다. 성왕은 새로 정한 도읍의 이름을 대놓고 '부여'로 지었습니다. 아무리 봐도 마한계에 대한 배려가 전혀 느껴지지 않는 이름이죠.

다만 이 와중에 건마국은 상대적으로 이득을 보았습니다. 백제 입장에서 마한계 전체를 적으로 돌리기는 아무래도 부담스러

윘던 모양입니다. 그래서 상대적으로 우호적인 건마국을 다른 마한계보다 우대했습니다. 사실 건마국은 순수 마한계라기보다는 조선계에 가까웠기 때문에 같은 북방 출신인 부여계와 좀 더 긴밀하긴 했습니다.

이렇게 부여계와 조선계가 손을 잡은 백제는 다시 한번 중흥기를 맞이합니다. 고구려에 쫓겨 내려온 백제는 수도를 웅진(공주)으로 옮깁니다. 웅진은 사방이 산으로 둘러싸인 분지 도시로, 고구려뿐 아니라 마한계의 공격도 두려워한 백제 왕실의 경계심이 지형을 통해서 느껴집니다. 그다음으로 옮긴 수도 부여는 산으로 둘러싸여 있긴 했지만 논산, 익산 쪽을 향해서는 훤히 열려 있습니다. 백제가 내포 지방은 경계하더라도 건마국에 대해서는 상당히 안심하고 있었음을 알 수 있습니다.

백제 무왕은 건마국 한가운데에 해당되는 익산(정확히 말하면 익산시 금마면)에 거대한 궁전을 지었습니다. 익산은 사방이 뻥 뚫린 평야 지역으로, 여기에 왕궁을 건설했다는 것은 백제 왕실이 이제는 마한에서 더부살이한다는 불안감을 느끼지 않는다는 과시였다고 할 수 있죠. 수도도 아닌 곳에 정성을 쏟았다는 점에서 익산이 수도만큼이나 중요했다는 것도 짐작할 수 있습니다. 나아가 무왕은 이곳에 신라의 황룡사를 능가하는 거대한 사찰 미륵사를 조성하는 등 안팎으로 국력을 과시했습니다. 세련되고 은은한 백제 문화가 꽃핀 것도 바로 이 무렵의 일입니다.

익산 왕궁리 오층석탑

　안타깝게도 지금은 무왕의 거대한 왕궁과 미륵사 모두 폐허가 되었습니다. 황량한 미륵사 터와 주춧돌, 그리고 미륵사지 석탑만 남아 있을 뿐이죠. 그러나 여기에 상상력을 조금만 보태면 찬란했던 백제의 국력을 쉽게 짐작할 수 있습니다. 익산, 군산, 완주 일대 평야 지역의 높은 생산력이 아니라면 불가능한 일이었을 것입니다.

　하지만 자신감이 지나쳤던 걸까요? 백제는 무왕과 의자왕 때 압도적인 국력으로 신라를 공격하여 곤경에 빠뜨렸지만 이는 신라가 당나라와 동맹을 맺는 계기가 되었습니다. 계속되는 전쟁으로 백성들의 불만이 높아졌고, 애써 봉합했던 부여계와 마한계의 갈등이 다시 불거졌습니다. 신라는 이 틈을 놓치지 않고 백제를 공격했고, 결국 백제는 몰락하고 말았습니다.

백제와 고구려가 멸망한 뒤 당나라는 한반도에서 물러나지 않고 이 평야를 차지하려 했습니다. 그러자 신라 문무왕은 엉뚱하게 고구려 사람들을 이곳에 이주시켜 보덕국이라는 괴뢰 정권을 세우고 당나라와 맞서게 했죠. 고구려 유민들을 이용하여 당나라와 옛 백제 사람들을 견제하는 이이제이인 셈입니다. 당연히 신라가 이 괴뢰 정권을 오래 둘 리 없었습니다. 당나라를 몰아내고 민심이 어느 정도 안정되자 신라는 보덕국을 폐지하고 이 곡창지대를 직접 통치합니다. 이후 이 일대는 견훤이 후백제를 세웠던 잠깐을 제외하면 다시는 독자적인 정권을 세우지 못했고, 고려와 그 뒤를 이은 조선의 영토가 되었습니다.

근대화와 수탈의 탁류가 흐르다

고려와 조선이 이어진 1,000여 년간 별 탈 없던 평야에 또 한 번 위기가 찾아왔습니다. 우리 역사의 치욕, 일제강점기가 온 것입니다. 사실 일본은 임진왜란 때부터 이 지역을 탐냈습니다. 이곳이 조선의 식량 창고라는 사실을 알고 있었던 거죠. 임진왜란 당시에는 권율 장군과 황진 장군이 각각 이치 전투, 옹치 전투에서 목숨을 걸고 싸워 이 땅을 왜군에게서 지켜 낸 바 있습니다. 권율 장군 하면 행주대첩이 떠오르지만 장군 스스로는 행주보다 이치에서의 싸움이 훨씬 결정적이었다고 말하기도 했지요.

그러니 조선을 강제로 합병하자마자 일제가 이 지역부터 집어삼킨 것은 당연한 수순이었습니다. 일제는 토지조사사업을 벌이고 동양척식회사를 설립하여 이곳의 농토를 탈취한 뒤 이를 일본인들에게 헐값에 분양했습니다. 그 결과 수많은 일본인이 이 지역에 들어오게 되었는데, 이들이 주로 모여 살던 곳은 항구가 있던 군산이었습니다. 논산, 서천, 완주, 익산 등지에서 생산된 풍부한 농산물이 군산에 모였고 배에 실려 일본으로 빠져나갔습니다. 1920년대에 들어서면서 군산에만 1만 명 이상의 일본인이 살았습니다. 당시 '이리'라는 이름으로 불렸던 익산에는 한국인보다 일본인 인구가 더 많을 정도였죠. 대다수는 탈취한 농토를 차지한 농장주들이었습니다. 일제가 전주-익산-군산-서천을 철도와 도로로 연결하고 학교와 각종 인프라를 건설하는 등 이 지역의 근대화에 공을 무척 들인 까닭도 이 지역에 살고 있는 수만 명의 일본인을 위한 것이었습니다.

1930년대 이후 군산에는 산업 시설까지 들어섰는데, 불행히도 이는 일제의 중국 침략을 위한 것이었습니다. 중국 침략에 필요한 군수물자를 일본에서 곧장 보급하기 어려우니 중국과 가까

국내 유일의 일본식 사찰인 군산 동국사

운 군산을 생산 기지로 삼은 셈이죠. 충청도와 전라도 곳곳에서 수많은 사람이 일자리를 찾아 군산 일대로 몰려들었습니다.

일종의 부수 작용이라고 할까요? 이렇게 되다 보니 이 일대는 한반도의 다른 지역보다 더 많은 돈이 흐르는 곳이 되었습니다. 지금은 전주가 전라북도의 중심이지만 당시에는 일본인이 많이 사는 군산과 익산이 중심지였습니다. 특히 군산은 흘러 다니는 돈 부스러기라도 잡아 보려는 욕망에 찌든 온갖 인간 군상이 몰려들어 타락하고 지저분한 근대화의 소용돌이를 만들었습니다. 채만식의 유명한 소설 『탁류』(1939)가 바로 이 '더러운 흐름'을 그

려낸 작품입니다.

지금도 군산과 익산에는 일제강점기 때 지어진 근대 건물, 그리고 일본인들이 사용하던 일본식 가옥과 사찰이 있습니다. 군산의 근대역사문화거리, 익산의 문화예술의거리에는 아직도 일제강점기 시절의 풍경이 고스란히 남아 있고요. 요즘 이런 풍경이 이국적인 느낌을 주어 SNS 사진 배경으로 인기가 많은데, '인생샷' 찍기 전에 그 역사적 배경을 한번 되짚어 보면 어떨까요?

새만금은 이 지역의 희망이 될 수 있을까?

군산과 익산의 경제적 번영은 우리나라가 빠르게 산업화된 1970, 1980년대에도 멈추지 않았습니다. 다른 곡창 지역과 달리 이 지역은 농업뿐 아니라 산업 기반도 튼튼했기 때문입니다. 일제가 대륙 침략을 위해 구축했던 군수산업 기반 시설을 활용하여 군산과 익산 일대에 자동차, 제철, 조선 등 중공업 공장이 세워졌고 여기 필요한 각종 부품 공장이 속속 들어섰습니다.

하지만 영원히 계속될 듯했던 풍요는 2000년대 들어 기울기 시작했습니다. 우리나라 경제의 주축이 대규모 공장을 중심으로 하는 중화학공업에서 전자, 정보, 통신, 반도체 등 첨단산업 중심으로 바뀐 것입니다. 제철소, 조선소, 자동차 공장이 중국과의 경쟁에서 더 이상 우위를 점하지 못하고 입지가 좁아져 생산 규모가 작아졌지요. 지방 소멸 시대에도 끄떡없던 군산과 익산의 인구가 2010년대를 지나면서 점차 줄어들었습니다. 특히 고속철도가 연결된 익산의 인구 감소 속도가 훨씬 빨랐는데, 수도권으로 빠져나가기 더 쉽기 때문입니다.

앞으로 새로운 대규모 산업 단지가 다시 들어설 가능성은 크지 않습니다. 이미 떠난 자동차 공장과 조선소는 돌아올 계획이 없고, 그나마 남아 있는 제철소도 경영이 어려워 떠날 채비를 하고 있습니다. 설사 중국과의 교역이 늘어난다 하더라도 새로 생기는 공장들은 수도권에서 가까운 경기도 평택시나 충청남도 당진 쪽을 선호합니다. 그나마 군산이 복고풍 관광지로 인기를 끌고 있긴 하지만 관광자원이 풍부한 것은 아닙니다.

이렇게 어려움에 처한 지역에 마치 유니콘 같은 희망의 이름이 20여 년째 떠돌아다니고 있습니다. 바로 새만금 간척 사업입니다. 군산에서 부안까지 총 33.9킬로미터에 이르는 방조제를 건설하고 서울 면적의 3분의 2나 되는 간척지를 조성한 뒤 이곳에 온갖 시설을 구축해 그야말로 꿈의 신도시를 건설하는 프로젝트입니다. 이 넓은 간척지에 세우겠다는 시설들을 모아 보면 대충 이렇습니다. 친환경 농업 단지, 첨단산업 단지, 신재생 에너지 단지, 자연과 어우러진 주거지, 동북아 경제의 중심이 될 비즈니스 단지, 신항만(새만금항)과 신항만 물류 단지, 과학 연구 단지, 그리

전북 군산, 김제, 부안을 잇는 세계 최장 방조제, 새만금방조제

고 새만금 국제공항까지, 없는 게 없습니다. 하지만 이 모든 게 과연 가능할까요? 그저 주민들의 희망 사항을 다 모아 둔 것에 불과해 보입니다.

처음 새만금 간척 사업이 언급되고 20여 년이 지나도록 저 거창한 계획 중 실현된 것은 아무것도 없습니다. 어쩌면 새만금은 풍요로웠던 과거의 추억이 만들어 낸 신기루인지도 모르겠습니다. 모든 희망 사항을 무리하게 그러모으는 대신 욕심을 줄여 현실적이고 합리적인 새만금 활용 방안이 나왔으면 합니다.

해넘이와
해듣이를
모두 한곳에서

강화

저무는 해를 보내고 새해를 맞이하는 시기, 여러분은 어디서 시간을 보낼 예정인가요? 이 장에서는 연말 여행에 안성맞춤이면서도 역사를 공부하고 자연을 즐기기에도 좋은, 팔방미인 같은 곳을 소개하고자 합니다.

	인구	면적	키워드
강화군	69,439명	411km²	일출과 일몰, 고조선, 천연 요새, 갯벌, 온수리성당

동해와 서해가 만나는 곳

해는 매일 아침 동쪽에서 뜨고 서쪽으로 집니다. 일출과 일몰이 365번 이뤄지면 1년이 지나가죠. 우리는 평소 해가 뜨고 지는 모습을 볼 겨를 없이 살아가지만, 그래도 한 해의 마지막 날이 다가오면 서쪽 바다로 뉘엿뉘엿 저물어 가는 해가 보고 싶어집니다. 물론 새해 첫날이면 동쪽 바다를 붉게 물들이며 떠오르는 해도 보고 싶고요. 넓은 바다를 붉은 물결로, 하늘의 구름을 분홍색으로 물들이는 장관을 보고 있으면 마치 한 해의 묵은 찌꺼기가 말끔히 씻겨 나가고 새해의 신비로운 활력에 담뿍 젖어 드는 듯한 느낌을 받습니다. 그래서 많은 사람들이 마지막 지는 해를 보기 위해 서해로 가고, 처음 뜨는 해를 보기 위해 동해를 찾는 모양입니다.

273

한 해의 마지막에 서해에서 해넘이를 보고 다음 날 새벽 동해에서 해돋이를 볼 수 있다면 정말 좋겠지만, 서해와 동해는 너무 멀어 하루 안에 오가기는 힘듭니다. 그런데 해넘이를 보았던 바로 그 바다에서 다음 날 아침 해돋이를 볼 수 있는 장소가 있다면 멋지지 않을까요? 설마 그런 곳이 있겠느냐고요? 있습니다. 동쪽에서 해가 뜨니 동해, 서쪽으로 해가 지니 서해, 이런 고정관념을 버립시다. 그러면 의외로 그런 장소를 여럿 찾아낼 수 있고, 강화도가 하나의 해답이 될 수 있습니다.

한 해를 마무리하는 시기가 동지 무렵이라는 데서 힌트를 얻을 수 있습니다. 동지는 태양의 남중고도가 가장 낮은 때로, 이때 태양은 남쪽으로 치우쳐서 뜨고 집니다. 어떻게 보면 남쪽에서 떠서 남쪽으로 지는 듯 느껴질 정도입니다. 실제로 밤이 아주 긴 고위도 지방은 겨울이 되면 해가 뜨는 그 자리 바로 옆으로 지기도 합니다. 우리나라는 중위도 지방이라 그 정도는 아니지만 동남쪽에서 떴다가 서남쪽으로 진다고 할 수 있죠. 따라서 남쪽으로 삐죽 튀어나온 곳의 끝부분에서는 한 해의 마지막 해와 새해의 첫 해를 한자리에서 볼 수 있습니다.

그런데 동해안에서는 해넘이와 해돋이를 동시에 볼 수 있는 곳을 찾기 어렵습니다. 해안선이 복잡하지 않고 쭉 뻗어 있기 때문에 어느 육지에서든 바다가 동쪽에 있거든요. 반면 해안선이 복잡하게 들쭉날쭉하고 섬도 많은 서해에서는 바다가 꼭 육지의

강화도 최남단의 초소 역할을 했던 분오리돈대

서쪽에만 있지 않습니다. 서해의 섬에서는 동서남북 어디든 바다
가 있죠. 그중 가장 인기가 많은 곳이 강화도입니다.

강화도 남쪽, 바다를 향해 불쑥 삐져나온 곳에 자리 잡고 있
는 분오리돈대, 그리고 강화도에서 다리를 건너 남쪽으로 더 내
려가면 만날 수 있는 작은 섬 동검도의 동검항 등이 바로 해넘이
와 해돋이 명소입니다. 그 비밀은 지도를 보면 금방 이해할 수 있
습니다. 강화도는 서해에 위치한 섬이지만 사면이 바다이기 때문
에 남쪽으로도 바다가 열려 있습니다. 태양의 고도가 낮아 해가

남쪽으로 치우쳐서 비스듬하게 뜨고 지는 겨울이 되면 남쪽 바다를 향해 돌출된 곳에서 지는 해와 뜨는 해를 모두 볼 수 있죠. 같은 원리로 겨울에 남해의 섬이나 반도 남쪽 돌출부에서도 해넘이와 해돋이를 모두 볼 수 있습니다.

다만 그중에서도 강화도는 서울에서 그리 멀지 않고, 행정구역상 인천광역시에 속한 수도권입니다. 12월이면 주말마다 해넘이와 해돋이를 보기 위해 많은 사람이 찾아오곤 하죠.

한국사 전체를 아우르는 땅

강화도가 단지 해넘이, 해돋이 명소이기만 한 것은 아닙니다. 강화도는 오랜 역사를 거쳐 수많은 문화재와 유적이 남아 있는 보물섬입니다. 게다가 강화도의 문화 유적은 특정 시기에 치우친 것이 아니라 우리나라 역사 전체를 관통하고 있습니다. 가령 우리는 경주 하면 신라, 부여 하면 백제, 서울 하면 조선을 떠올립니다. 그런데 강화도의 문화 유적은 고조선 시대부터 근현대사, 심지어 분단의 역사에 이르기까지 한국사 전체를 아우릅니다. 작은 섬 하나에 마치 수천 년 한민족 역사가 압축되어 있는 듯합니다.

강화도에서 가장 오래된 이야기를 담은 유적은 마니산 봉우리에 있는 참성단입니다. 비록 신화이긴 하지만 우리 민족의 시조 단군왕검이 바로 이곳 참성단에서 하늘에 제사를 지냈다고 전해지죠. 지금 전등사가 자리 잡고 있는 삼랑성 역시 단군의 세 아들이 쌓은 성이라는 전설에서 그 이름이 유래되었다고 합니다. 구전되는 이야기뿐 아니라 공식 문서인 『세종실록』(1454)의 「지리지」에도 참성단에 대한 기록이 있습니다.

> 꼭대기에 참성단이 있는데, 돌로 쌓아서 단의 높이가 10척이며, 위로는 모지고 아래는 둥글며, 단 위의 사면이 6척 6촌이고, 아래의 너비가 각기 15척이다. 세상에 전하기를, "조선 단군이 하늘에 제사 지내던 석단이라." 한다.
>
> 『세종실록』, 1454

사실 사학자들은 신화 속에서 단군이 하늘에 제사를 지낸 곳은 강원도 태백산의 천제단이라는 주장을 더 지지하긴 합니다. 확실한 점은 강화도의 역사가 고조선까지, 아니 그보다 더 오래 전으로 거슬러 올라갈 만큼 오래되었다는 사실입니다. 지금으로부터 4,000~5,000년 전, 고조선 건국 이전 정치 세력의 흔적들을 여럿 찾을 수 있기 때문입니다.

그것은 바로 우리나라에서 가장 중요한 선사시대 유적인 고인돌입니다. 강화도의 고인돌 유적은 전북 고창, 전남 화순의 고인돌 유적과 함께 유네스코 세계유산에 등재되어 있습니다. 강화도 내 고인돌은 고창, 화순보다 적지만 시기상 더 오래된 것들이

277

강화군 하점면 부근리에 위치한 탁자식 고인돌

고, 무엇보다 고인돌 하면 떠오르는 가장 전형적인 모양입니다.

고인돌의 덮개돌의 무게만도 수십 톤입니다. 그 엄청난 무게를 높이 2.5미터의 받침돌 위에 얹으려면 상당히 많은 사람이 체계적으로 동원되었을 테죠. 고인돌에 실용적인 목적이 있는 것도 아니고, 그저 누군가의 무덤이나 집단의 상징적인 장소에 불과했을 텐데 많은 사람이 쓰였다는 것은 이들을 이끄는 지도자가 있었다는 뜻입니다. 그러니까 고인돌은 청동기시대에도 정치라는 게 존재했다는 증거인 셈이지요.

서해에 이토록 중요한 선사시대 유적이 남아 있는 까닭은 이곳의 지리적 위치에서 찾을 수 있습니다. 근대 이전에는 육상보다는 해상이 더 중요한 교통로였습니다. 고조선은 한반도 남쪽의 진국과 중국 사이에서 교역을 통해 큰 이익을 거두었다는 기록이 있습니다. 임진강, 예성강, 한강 하구에 위치하여 서해를 향해 열린 강화도는 마치 터미널과 같았겠죠.

백제가 한성을 도읍으로 하던 시절 강화도는 한강 입구를 틀어막고 있는 든든한 수문장 역할을 하는 동시에, 해상으로 뻗어나가는 터미널이기도 했습니다. 그래서 한성 백제는 강화도 주변을 요새로 만들어 자신들은 쉽게 드나들고 다른 세력은 들어오지 못하게 막았죠. 자신들은 한강을 타고 중국 대륙까지 갈 수 있었으나, 그 외 세력은 이 물길을 전혀 이용할 수 없었던 겁니다.

고려가 세계를 정복한 몽골(원나라)에 맞서 40년이나 버틸 수 있었던 것도 바로 바다 위 요새, 강화도 덕분이었습니다. 강화도는 단지 바다에 둘러싸여 있기 때문에 요새인 것이 아닙니다. 강화도 주변 바다는 조류가 거세고, 바다와 인접한 땅은 험한 암벽 지형이 대부분입니다. 절벽이 아닌 곳은 갯벌이죠. 우리나라 갯벌의 10퍼센트 이상이 강화도에 있다니, 믿어지나요? 그 규모가 세계 5대 갯벌 중 하나로 꼽힐 정도입니다.

갯벌 체험을 해 보았다면 갯벌을 통해 군대가 이동한다는 것이 불가능에 가까운 일이라는 사실을 금방 이해할 수 있을 겁니다. 최고급 SUV가 성능만 믿고 강화도 갯벌에 들어갔다가 꼼짝

없이 잠겨 버린 사고도 있을 정도이죠. 몽골의 초원 환경에 익숙해 안 그래도 바다에 약했던 원나라 군대가 갯벌까지 통과해 육지를 점령하기는 여간 어려운 일이 아니었습니다. 이중환은 『택리지』에서 이러한 천연 요새 강화도의 지형을 다음과 같이 소개합니다.

> 강화부는 남북이 100여 리이고 동서로는 50리다. (⋯) 북쪽으로 풍덕의 승천포와 강을 사이에 두고 마주했고, 강 언덕은 모두 돌벽이다. 돌벽 밑은 곧 수렁이라 배를 댈 곳이 없고, 오직 승천포 건너 한 곳에만 배를 댈 만하다. 그나마 만조 때가 아니면 배를 부릴 수가 없어 위험한 나루라 일컫는다.
>
> (⋯) 동쪽 갑곶에서 남쪽 손돌목에 이르기까지 오직 갑곶에서만 배로 건널 수 있고, 그 외의 언덕은 북쪽 언덕과 같이 모두 수렁이다. (⋯) 고려 때에 원나라 군사를 피해 여기에 10년 동안이나 도읍을 옮겨, 육지는 비록 낭패를 당했으나 섬은 끝내 침범하지 못했다.

고려는 강화도를 단지 피난처로 사용한 데서 나아가 아예 궁을 옮겨 수도로 삼았습니다. 단지 적을 피해 섬에 숨은 것이 아니었던 것입니다. 강화도는 외적이 침범하기 어려운 곳일 뿐 아니라, 임진강, 예성강, 한강이라는 세 강이 서해와 만나는 곳에 자리

강화도 인근에 드넓게 펼쳐진 갯벌 지대

해서 물길을 통해 육지로 나가기도 쉬웠습니다.

조선 시대 강화도는 실록 등 중요한 문서와 왕실의 보물을 보관하는 곳이었습니다. 삼랑성이 둘러싼 정족산 사고史庫가 바로 그곳입니다. 그윽한 분위기를 자랑하는 천년 고찰 전등사가 성문 안 사찰이라는 독특한 경관을 자랑하는 까닭도 이 때문입니다. 전등사는 나라의 보물을 지키는 사찰이기도 했던 거죠.

청나라가 처음 쳐들어왔던 정묘호란 때 인조는 강화도로 피신하여 청나라의 공세를 피하며 전국 각지의 근왕병을 지휘해 위기를 넘길 수 있었습니다. 하지만 병자호란 때는 청나라가 강화도 피신 작전을 간파하고 한양에서 강화도로 가는 길을 미리 차단하는 바람에 삼전도의 굴욕을 겪고 말았죠. 인조가 농성했던 남한산성의 방어력이 강화도보다 약해서가 아닙니다. 사실 남한산성은 적의 침입을 허락하지 않는 철옹성이며, 인조가 스스로 문을 열고 나가며 항복하지 않았더라면 청나라가 끝내 함락시키지 못했을 겁니다. 다만 강화도에서는 강을 통해 육지와 연결될 수 있었던 반면, 남한산성에서는 성 밖의 조선군과 소통할 방법이 없는 것이 문제였습니다. 적을 막는 동시에 아군도 막아 버린 셈입니다. 만약 인조가 강화도 진입에 성공했다면 여기저기 흩어진 조선군과 체계적으로 연락하며 훨씬 효과적으로 항전할 수 있었을 것이며, 전쟁의 승패가 달라졌을지도 모릅니다.

처음부터 끝까지 우리 역사와 함께한 섬

강화도는 조선 후기 프랑스, 미국, 일본 등 제국주의 열강들의 침략 앞에서도 수문장 역할을 했습니다. 한반도에 처음 침략한 서양 제국주의 국가들인 프랑스와 미국에 맞서 싸웠던 곳도, 끝내 제국주의 열강의 침략을 막지 못하고 일제와 처음 불평등조약을 맺은 곳도 강화도입니다.

이후 이곳은 자연스레 외국 문물을 조선 어디보다 먼저 받아들이게 되었습니다. 강화도에 남아 있는 성공회 교회의 강화성당은 1900년에 세워졌습니다. 2년 먼저 세워진 서울의 명동성당이 전형적인 서양 건축양식을 뽐낸다면, 강화성당은 겉모습은 한옥이되 속은 기독교 건축양식을 취하여 독특한 조화를 이루고 있습니다. 강화도에는 1906년에 지어진 성안드레아성당도 있습니다. 온수리성당이라고도 불리는 이 성당은 강화성당보다 4년 뒤에 지어졌으며, 한옥과 서양 양식을 한층 더 원숙하게 조화시킨 아름다운 건물입니다.

하지만 6·25 전쟁이 벌어지고 임진강을 따라 휴전선이 그어지면서 요새 겸 터미널이라는 강화도의 이점이 사라지고 말았습니다. 철도, 자동차 등 육상 교통수단이 발달하면서 해상 교통의 중요성이 낮아지긴 했지만, 길이 아예 끊어진 것은 또 다른 문제이죠. 냉전이 한창이던 1970~1980년대만 해도 강화도는 돌아다니려면 곳곳의 검문소에서 신분증을 검사받아야 하는 분단의 최전선이었습니다. 1990년대 이후 냉전이 완화되고 나서야 강화도는 물론 육안으로 북한의 마을이 보이는 교동도까지 자유롭게 드나들게 되었습니다.

이렇듯 강화도는 무려 2,500년이 넘는 우리 역사의 중요한 현장입니다. 선사시대 고인돌부터 근현대사 유적까지 모두 한자리에 모인 곳이 얼마나 있을까요? 가히 강화도만의 엄청난 매력이

한국 전통 건축양식과 서양 건축양식이 조화된 온수리성당의 내부

라고 할 수 있습니다.

사실 강화도는 그리 넓은 지역은 아닙니다. 300평방킬로미터
로 서울의 절반 크기도 안 되지요. 이 넓지 않은 곳에 우리나라에
서 볼 수 있는 거의 모든 경관이 압축되어 있습니다. 12월의 해
넘이와 새해 해돋이, 해안 절벽과 갯벌, 도시와 농촌과 어촌은 물
론 군사기지까지…. 게다가 1,000년 넘는 역사의 불교 사찰을 관

람하고 10여 분만 걸어가면 100년도 더 전에 지어진 근대 기독교 유적도 관람할 수 있죠. 우리나라, 아니 전 세계를 통틀어도 이런 곳은 드뭅니다. 왜 사람들이 한 해를 마무리하는 여행지로 강화도를 그토록 찾는지 이제는 고개가 끄덕여집니다. 여러분도 강화도에서 한 해 마무리와 새해맞이를 하며 길디긴 우리 역사를 되짚는 시간을 가져 보는 것은 어떨까요?

한반도에서
제일 큰 섬은
어디?

경상남도
거제

　　우리나라에서 가장 큰 섬은 제주도입니다. 그렇다면 두 번째로 큰 섬은 어디일까요? 울릉도를 떠올리는 사람도 많겠지만, 울릉도는 의외로 작은 섬이라 열 손가락 안에도 꼽히지 않습니다. 우리나라에서 두 번째로 큰 섬은 바로 거제도입니다. 그뿐 아니라 거제도는 육지와 다리로 연결된 섬 중에서는 가장 큰 곳이기도 하지요.

면적도, 인구도 제주도 다음가는 규모를 자랑하는 거제도

배의 도시 거제

거제도 인구는 23만여 명으로 제주도 다음으로 가장 많은 사람이 사는 섬입니다. 면적은 제주도의 4분의 1도 채 안 되는데 인구는 제주도의 절반에 이르죠. 크기가 비슷한 진도, 강화도, 남해도 인구와 비교해보면 각각 열 배, 네 배, 일곱 배 이상의 사람들이 살고 있습니다. 그래서인지 거제도는 농어촌이 아니라 도시로 분류됩니다. 섬 전체와 부속 도서를 묶어 거제시로 지정하고 있죠. 인천광역시의 일부인 강화도(강화군)를 제외하면 우리나라 기초자치단체 중 유일하게 시로 지정된 섬입니다. 경상남도 통영시와는 거제대교로, 부산광역시와는 거가대교로 연결되어 있습니다. 심지어 부산에서 거제까지 시내버스가 다닐 정도로 육지와

아무 불편 없이 오갈 수 있습니다.

거제도의 또 다른 특징은 섬 둘레, 그러니까 해안선의 길이가 무려 443.8킬로미터나 된다는 점입니다. 서울과 부산 사이의 거리가 300킬로미터인데 서울의 절반 크기밖에 안 되는 섬의 둘레가 이보다 더 길다는 것은 그만큼 해안선의 굴곡이 심하고 꼬불꼬불하다는 의미이죠. 그뿐만 아니라 지형도 복잡합니다. 바위절벽과 수많은 봉우리로 이루어진 산 덕분에 바다에서 보면 마치 금강산을 보는 듯하여 '해금강'이라 불리기도 합니다.

거제도는 가히 배의 도시라 할 수 있는데, 그 역사는 삼국시대까지 거슬러 올라갑니다. 당시 금관가야는 뛰어난 철기 기술로 유명해서 특히 일본에 철을 수출하여 막대한 이익을 얻었습니다. 이때 일본을 오가는 무역선의 출발점이 바로 거제도였습니다.

고려 시대에도 거제도는 배의 고장이었습니다. 고려는 몽골의 강요로 일본으로 대규모 원정 전쟁을 수행해야 했죠. 이때 일본으로 향하는 여몽 연합군의 함대를 만들고 출발했던 곳이 바로 거제도입니다. 당시 일본 원정의 규모는 고려군 3만 명, 몽골군은 10만 명이 넘는 대군이었습니다. 원치도 않는 원정을 위해 군사들을 실어 나를 배를 만드느라 거제도가 얼마나 분주했을까요? 그런가 하면 고려 말기에 거제도는 반대로 왜구의 침략을 막는 중요한 전략적 거점이기도 했습니다. 당시 왜구는 경상도에서 걷은 세금을 수도인 개경으로 운송하는 조운선을 자주 약탈했는데, 이 조운선은 오늘날 경상남도 김해에서 출발하여 남해안을 따라 진도를 돌아 서해를 통해 개경으로 향했습니다. 이 배가 출발 후 처음 지나가는 남해 항로의 입구가 바로 거제도와 통영 사

기억과 반성의 의미로 거제도에 조성된 칠천량해전공원

이였습니다. 그러니 왜구는 배의 주요 기점인 거제도를 반드시 차지하려 들었고, 고려는 거제도를 반드시 지켜야 했습니다.

조선 시대에는 아예 거제도에 수군 본부인 경상우수영을 설치하여 수군 본부로 삼았습니다. 남해를 지키는 네 개의 수영(경상 좌·우, 전라 좌·우) 중 거제도의 경상우수영이 가장 규모가 컸고, 또 가장 서열이 높은 수사가 배치되었습니다. 임진왜란 직전까지 조선 수군의 절반 이상이 거제도에 주둔했을 정도이니까요. 하필이면 임진왜란 당시 경상우수사가 무능력한 장수 원균이었던 점이 안타깝습니다. 조선 수군은 왜군과 제대로 싸워 보지도 못하고 칠천량해전에서 참패하는 등 여러 전투에서 쓴맛을 봐야 했죠. 이 무대 역시 거제도였습니다.

오늘날에도 거제도는 배의 고장이라는 지위를 계속 유지하고 있습니다. 우리나라를 대표하는 3대 조선소 중 울산광역시의 현대중공업 조선소를 제외한 두 곳이 모두 거제도에 있습니다.

옥포동의 한화오션 조선소와 장평동의 삼성중공업 조선소입니다. 2010년까지만 해도 두 조선소에서 일하는 노동자만 7만 명이 넘었습니다. 또한 이 거대 조선소들과 협력하는 여러 중소 규모 조선소가 거제를 넘어 통영까지 널리 퍼져 있었지요. 조선소와 협력 업체 직원 및 그들의 가족만으로도 10만 명이 훌쩍 넘어 거제시 인구의 절반가량을 차지했습니다.

그런데 중국의 조선 산업이 성장하며 저렴한 배를 시장에 쏟아내는 바람에 배의 도시 거제는 이후 10여 년간 긴 침체기를 겪게 됩니다. 중소 규모 조선소들이 불황을 못 견디고 문을 닫았고, 대형 조선소도 직원들을 정리 해고 했습니다. 거제시와 통영시의 조선소 및 관련 업체에서 일하던 20만 명 이상의 노동자와 가족들은 번창하던 지역이 하루아침에 썰렁해지는 모습을 목격했지요. 우리나라 조선업이 다시 활기를 찾은 것은 2020년대 들어서입니다. 고급, 고성능, 친환경 선박이라는 영역에서 중국과의 격차를 벌린 덕분입니다. 향후 몇 년 치 주문이 밀려 있을 정도이지만, 문제는 배를 만들 노동자가 부족하다는 점입니다. 불황 시기에 해고를 당했던 노동자들은 조선소 외에는 별다른 일자리가 없었던 거제도를 떠나고 말았던 겁니다. 2010년대에 거제도를 떠난 이들은 대부분 다시 돌아오지 않았습니다.

이후로는 그 빈자리를 외국인 노동자가 채우고 있습니다. 거제도에는 2024년을 기준으로 1만 명가량의 외국인 노동자가 거주하고 있습니다. 지금도 거제도에 가면 외국인 노동자를 쉽게 마주칠 수 있는데, 앞으로 우리나라의 인구 구조가 바뀐다면 보게 될 노동 시장의 한 단면인 듯도 합니다.

1970년대부터 국내 조선업을 이끌어 온 거제도의 조선소

끈기와 아름다움이 빚어낸 경관

거제도는 남해에서도 남쪽으로 길게 뻗은 섬입니다. 다도해에서 혼자 빠져나온 모양이라 다른 섬에서는 찾아보기 어려운 망망대해가 남쪽으로 쭉 펼쳐집니다. 무엇보다도 거제도 남쪽은 동쪽과 서쪽으로 다른 섬들이 보이지 않아, 강화도처럼 한자리에서 일출과 일몰을 모두 볼 수 있습니다.

거제도에서 해넘이와 해돋이를 동시에 즐기는 가장 낭만적인 여행 방법으로는 백패킹을 추천합니다. 한 해의 마지막 날 산 위에서 해넘이를 본 뒤 그 자리에 텐트를 치고 하룻밤을 보내고, 다음 날 아침 새해 첫 해돋이를 보는 거죠. 물론 추운 겨울에 산꼭대기에서 밤을 지새우는 것이 쉬운 일은 아닙니다. 겨울은 산불을 주의해야 하는 위험 기간이기 때문에 춥더라도 불을 피우면 안 된다는 어려움도 있죠. 하지만 설사 산꼭대기라고 해도 거제

291

매끈한 검은색 조약돌로 이루어진 몽돌해수욕장

도의 겨울은 수도권보다 훨씬 따뜻하니 도전해 볼 만합니다.

해넘이, 해돋이뿐 아니라 해금강이라는 별명으로 불릴 만큼 구불구불한 해안선을 따라 펼쳐지는 빼어난 경관 역시 놓치기 아쉽습니다. 그중에서도 바람의언덕, 매미성, 그리고 몽돌해수욕장 등의 명소가 사계절 내내 많은 관광객을 끌어모으고 있지요. 산에서 굴러 내려온 바위들이 파도에 부딪혀 잘게 부서진 것을 몽돌이라고 합니다. 파도에 깎이고 갈려 동글동글해진 조약돌이 해변에 깔리는데, 거제도의 몽돌은 특히 그 색깔이 검은색이며 매끈한 공 모양을 한 것들이 많아 흑진주 몽돌이라고 불립니다. 몽돌로 이루어진 해수욕장은 모래가 달라붙지 않아 쾌적할 뿐 아니라 파도가 칠 때마다 몽돌들이 부딪히며 마치 악기처럼 아름다운 소리를 냅니다. 이렇게 해변이 몽돌로 뒤덮이려면 엄청나게

독특한 분위기로 거제시의 주요 관광지가 된 매미성

오랜 시간이 걸리는 만큼, 자연경관을 보존하기 위해 돌이 아무리 예쁘더라도 집어 가지는 말아야 하겠지요.

한편 매미성은 이름만 들으면 마치 삼국시대나 고려 시대에 지어진 성의 흔적일 것 같지만, 실은 2000년대에 어느 한 개인이 자기 집과 땅을 해일로부터 지키기 위해 쌓기 시작한 방파제와 축대가 발전한 곳입니다. 기왕 쌓기 시작한 김에 세계 여러 나라의 건축양식을 참고하여 아름답게 모양을 내다 보니 마치 중세 유적지 같은 매력적인 경관이 만들어졌다고 하지요. 몽돌 해변에서는 자연의 끈질기고도 아름다운 힘을 느낄 수 있다면, 매미성에서는 한 사람의 끈질기고도 아름다운 힘을 느낄 수 있습니다.

이제 직접 떠나 볼 차례!

지금까지 우리나라 여러 지방의 이모저모를 살펴보았습니다. 전국을 한 바퀴 빙 돌아 가며 여러 명소와 도시 들을 방문한 셈입니다. 하지만 아쉬움이 많이 남습니다. 더 가야 할 곳, 더 소개하고 싶은 곳이 많으니까요.

우리나라는 생각보다 크고 다양한 나라입니다. 그러니 여기 소개된 곳들은 우리나라의 아주 일부분에 불과합니다. 심지어 이 책에서 이야기한 내용은 장마다 소개하고 있는 각 지역에서도 아주 일부만 보여 주는 것에 불과하죠. 비유하자면 이 책을 읽는 것은 빠르게 달리는 자동차 창문으로 풍경을 보는 것과 같습니다. 자동차 창문 밖으로 흘러가는 산이며 마을을 바라만 보는 것과, 그 산에 직접 올라가 보고 마을에서 단 며칠이라도 묵어 가며 느끼는 것은 전혀 다른 경험입니다. 하지만 그래도 달리는 자동차 창문으로나마 여러 지역을 본 사람이 집이나 동네 밖으로 잘 나가지도 않는 사람보다는 낫겠죠.

이 책은 흘러가는 산이나 마을을 보는 자동차 창문과 같습니다. 컴퓨터나 스마트폰에 비유하면 아이콘이라고 할까요? 아이콘은 그림을 가리키는 그리스어에서 비롯된 말로, 신과 성인 들의 모습을 묘사한 그림이나 조각상을 말합니다. 이 그림이나 조각 자체가 신과 성인이 아니고, 다만 그들에게 다가가는 창문이죠. 그러한 의미로 컴퓨터나 스마트폰에서 앱을 간단한 그림으로 표현한 것을 아이콘이라고 부릅니다.

이 책 역시 창문 혹은 아이콘과 같은 역할을 했으면 합니다. 이 책의 내용을 통해서 우리나라 구석구석 여러 지역에 도달해 보는 겁니다. 지금까지 알지 못했던 여러 지역의 매력을 발견하고, 이런저런 자료를 살펴보기도 하고, 또 직접 찾아가서 독특한 경관과 환경, 문화 등을 몸으로 느껴 보기도 하는 계기가 되었으면 합니다. 그래서 '택리지'라는 제목에 맞게 각자의 취향에 맞는 살기 좋은 고장이 어디 있을지 찾아보기도 하고요. 이렇게 흥미를 가지고 방방곡곡 누비다 보면 우리나라가 결코 작은 나라가 아니라는 것을 알게 될 겁니다.

마지막으로 이 책에 더 소개하고 싶었지만 지면 관계상 싣지 못한 곳을 몇 군데, 간단히 살펴보면서 마무리할까 합니다.

관광 1번지, 제주도

　제주도를 넣을까 말까 많이 고민했습니다. 이 책에서 제주도를 다루지 않은 것은 중요하지 않아서가 아니라 우리나라를 대표하는 관광지답게 이미 너무 많은 자료들이 나와 있기 때문입니다. 제주도는 섬 자체가 우리나라에서는 보기 드문 대규모 화산이며, 남한 땅에서 유일하게 화구호를 볼 수 있고, '오름'이라 불리는 기생화산도 많이 발달한 등 독특한 화산지형을 볼 수 있습니다. 또 육지와 멀리 떨어져 있어 독특한 풍습과 문화경관도 형성되어 왔지요. 2000년대 이후 관광객이 늘어나고, 또 '제주도 살이'가 유행하면서 육지에서 건너가는 사람들이 늘어나고 있지만 다른 어느 지역보다 토박이 비율이 높은 지역이기도 합니다.

석회암과 남한강의 콜라브, 단양·제천·영월 지역

　물에 녹는 성질을 가진 암석인 석회암과 한강이 만나면 어떻게 될까요? 강이 땅 위와 아래에서 석회암을 오랜 세월에 걸쳐 녹이면서 독특하고 아름다운 자연경관을 만들어 냅니다. 이러한 지형을 카르스트지형이라고 하는데, 우리나라에서는 충청북도 동부, 경상북도 북부, 강원도 남부로 이어지는 거대한 석회암 지대에 잘 발달해 있습니다.

이 중 가장 아름다운 곳으로 꼽히는 지역이 바로 충청북도 단양군과 강원도 영월 일대입니다. 이 두 지역은 행정구역은 다르지만 사실상 하나의 지역처럼 연결되어 있고, 그 가운데 마치 허브처럼 제천시가 자리 잡고 있습니다.

석회암은 시멘트의 원료이기 때문에 원래 이 지역에는 우리나라에서 손꼽히는 시멘트 공장들이 들어서 있었습니다. 하지만 남한강이 구불구불 흘러가는 사이에 펼쳐진 온갖 아름다운 봉우리와 바위, 그리고 지하수가 석회암을 녹여 만들어 낸 거대한 석회동굴 등 관광자원도 풍부합니다. 최근에는 시멘트 공업이 퇴조하면서 관광산업을 중심으로 새로운 도약을 꿈꾸고 있는 지역입니다.

한반도의 중심, 충주

삼국시대 때 고구려, 백제, 신라가 모두 탐냈던 땅이 있습니다. 한강 유역이지요. 하지만 그중에서도 쟁탈전이 가장 치열했던 곳이 바로 충주입니다. 그 까닭은 이곳이 한반도의 가운데, 조금 재미있게 표현하면 '배꼽'에 해당하는 곳이기 때문입니다.

그래서 고구려 장수왕은 이곳을 차지한 뒤 충주 고구려비를 세워 한반도의 주인이 되었음을 선포하기도 했습니다. 그런가 하면 삼국을 통일한 신라는 충주 탑평리 칠층석탑을 세워 나라의 가운데를 표시했죠. 임진왜란 때는 바로 이곳에서 조선의 운명을 진 결전이 벌어졌습니다. 충주 탄금대 전투에서 신립 장군이 일본군에 패전하자 선조는 한양 방어를 포기하고 평양으로 피난길을 떠나야 했습니다. 한반도의 명치를 맞은 셈이었던 것이죠.

이렇게 오랜 시간 중요한 곳이었기 때문에 문화재도 많이 남아 있고, 남한강이 크게 휘감아 돌아가는 곳이라 경치 좋은 곳도 많습니다. 우리나라의 정중앙이니 전국 어디에서도 쉽게 갈 수 있는 위치이기도 합니다.

이야기하다 보니 끝이 없네요. 이런 식으로 아쉬운 지역을 나열하다 보면 책 한 권이 더 나올 것 같습니다. 그만큼 우리나라에 둘러볼 곳이 많이 있다는 뜻으로 받아들이면 되겠습니다. 모쪼록 여러분이 이 책을 통해 멋진 여행을 꿈꾸어 볼 수 있기를 기대하며 이만 마치겠습니다.

도판 출처

26쪽	정선군
32쪽	정선군
41쪽	Wikimedia Commons / Mobius6
44쪽	Shutterstock / aaron choi
50쪽	안동시
55쪽	한국학중앙연구원
60쪽	Shutterstock / Erik Clegg
65쪽	국가유산청
70쪽	Wikimedia Commons / Dittwjfsdgkvkdjg
71쪽	청송세계지질공원
73쪽	Shutterstock / Stock for you
76쪽	법무부
78쪽	Shutterstock / Nghia Khanh
83쪽	연합뉴스
93쪽	연합뉴스
97쪽	Shutterstock / KIM JIHYUN
100쪽	Shutterstock / Teerachat paibung
103쪽	Wikimedia Commons / Bernard Gagnon
106쪽	진주시
110쪽	Wikimedia Commons / Knag Byeong Kee
112쪽	Shutterstock / Algorithm images
114쪽	구례군
118쪽	Shutterstock / Choi tae ro
123쪽	Shutterstock / Oksizia
126쪽	대한민국역사박물관

도판 출처

북트리거 일반 도서

북트리거 청소년 도서

21세기 택리지
시공간 초월 조선 핫플 탐방기

1판 1쇄 발행일 2025년 3월 14일

지은이 권재원
펴낸이 권준구 ∣ 펴낸곳 (주)지학사
편집장 김지영 ∣ 편집 공승현 명준성 원동민
책임편집 명준성 ∣ 디자인 정은경디자인 ∣ 일러스트 J-EIGHT
마케팅 송성만 손정빈 윤술옥 이채영 ∣ 제작 김현정 이진형 강석준 오지형
등록 2017년 2월 9일(제2017-000034호) ∣ 주소 서울시 마포구 신촌로6길 5
전화 02.330.5265 ∣ 팩스 02.3141.4488 ∣ 이메일 booktrigger@naver.com
홈페이지 www.jihak.co.kr/book-trigger ∣ 포스트 post.naver.com/booktrigger
페이스북 www.facebook.com/booktrigger ∣ 인스타그램 @booktrigger

ISBN 979-11-93378-38-0 43980

북트리거

트리거(trigger)는 '방아쇠, 계기, 유인, 자극'을 뜻합니다.
북트리거는 나와 사물, 이웃과 세상을 바라보는 시선에 신선한 자극을 주는 책을 펴냅니다.